全国专业技术人员新职业培训教程

大数据工程技术人员 中级

大数据分析

人力资源社会保障部专业技术人员管理司　组织编写

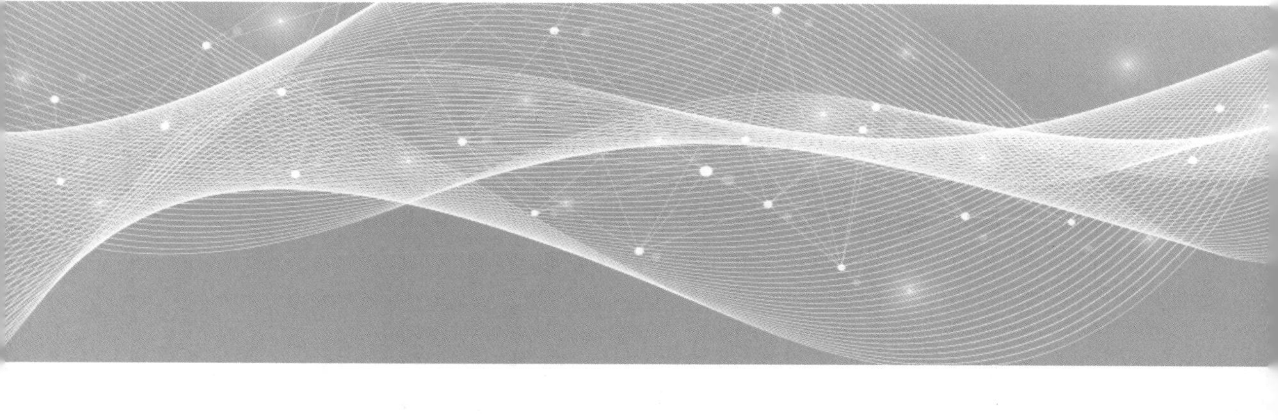

中国人事出版社

图书在版编目（CIP）数据

大数据工程技术人员．中级：大数据分析／人力资源社会保障部专业技术人员管理司组织编写．-- 北京：中国人事出版社，2024

全国专业技术人员新职业培训教程

ISBN 978-7-5129-1950-1

Ⅰ．①大…　Ⅱ．①人…　Ⅲ．①数据处理－职业培训－教材　Ⅳ．①TP274

中国国家版本馆 CIP 数据核字（2024）第 055824 号

中国人事出版社出版发行

（北京市惠新东街 1 号　邮政编码：100029）

*

三河市潮河印业有限公司印刷装订　　新华书店经销

787 毫米 ×1092 毫米　16 开本　18.5 印张　278 千字

2024 年 8 月第 1 版　　2024 年 8 月第 1 次印刷

定价：48.00 元

营销中心电话：400-606-6496

出版社网址：http://www.class.com.cn

本书编委会

出版说明

当今世界正经历百年未有之大变局，我国正处于实现中华民族伟大复兴关键时期。在全球经济低迷，我国加快形成以国内大循环为主体、国内国际双循环相互促进的新发展格局背景下，数字经济发挥着提振经济的重要作用。党的十九届五中全会提出，要发展战略性新兴产业，推动互联网、大数据、人工智能等同各产业深度融合，推动先进制造业集群发展，构建一批各具特色、优势互补、结构合理的战略性新兴产业增长引擎。党的二十大提出，加快发展数字经济，促进数字经济和实体经济深度融合，打造具有国际竞争力的数字产业集群。“十四五”期间，数字经济将继续快速发展、全面发力，成为我国推动高质量发展的核心动力。

近年来，人工智能、物联网、大数据、云计算、数字化管理、智能制造、工业互联网、虚拟现实、区块链、集成电路等数字技术领域新职业不断涌现，这些新职业从业人员通过不断学习与探索，将推动科技创新、释放巨大能量，推动人们生产生活方式智能化、智慧化、数字化，推动传统产业转型升级，为经济高质量发展注入强劲活力。我国在技术、消费与应用领域具备数字经济创新领先优势，但还存在数字技术人才供给缺口较大、关键核心技术领域自主创新能力不足、数字经济与实体经济融合的深度和广度不够等问题。发展数字经济，推进数字产业化和产业数字化，推动数字经济和实体经济深度融合，急需培育壮大数字技术工程师队伍。

人力资源社会保障部会同有关行业主管部门陆续制定颁布数字技术领域国家职业标准，坚持以职业活动为导向、以专业能力为核心，遵循人才成长规律，对从业人员的理论知识和专业能力提出综合性引导性培养标准，为加快培育数字技术人才提供基本依据。根据《人力资源社会保障部办公厅关于加强新职业培训工作的通知》（人社厅发〔2021〕28号）要求，为提高新职业培训的针对性、有效性，进一步发挥新职业培训促进更好就业的作用，人力资源社会保障部专业技术人员管理司组织相关领域的专家学者编写了全国专业技术人员新职业培训教程，供相关领域开展新职业培训使用。

本系列教程依据相应国家职业标准和培训大纲编写，划分初级、中级、高级三个等级，有的职业划分若干职业方向。教程紧贴数字技术人员职业活动特点，定位于全国平均水平，且是相关数字技术人员经过继续教育或岗位实践能够达到的水平，突出该职业领域的核心理论知识、主流技术及未来发展要求，为教学活动和培训考核提供规范和引导，将帮助广大有意或正在从事数字技术职业的人员改善知识结构、掌握数字技术、提升创新能力。

希望本系列教程的出版，能够在加强数字技术人才队伍建设、推动数字经济快速发展中发挥支持作用。

目　录

第一章 大数据系统搭建

随着数字化和智能化快速发展，数字技术在企业发展中的重要性越发突出，数据正发挥着极其重要的作用。有媒体称，数据已成为一种新的经济资产类别，就像黄金和货币一样。鉴于大数据如此大的商业价值，大数据行业和技术应运而生，并持续性蓬勃发展。

本章主要从大数据系统组硬件设施、网络规划、故障处理及软件安装部署等技术出发，围绕硬件系统搭建和软件系统部署两个环节展开讲解。

- **职业功能：**大数据系统搭建。
- **工作内容：**硬件系统搭建；软件系统部署。
- **专业能力要求：**能根据配置需求，规划及选型硬件配置设施；能根据机房环境和配置清单，制定工程实施方案；能根据物理硬件特性，制定组网规划方案；能根据硬件设备条件，进行底层及驱动配置；能根据现场施工情况进行故障处理指导；能根据应用需求，规划系统部署方案；能根据性能需求，对各运行系统进行配置和调优；能根据软件部署方案，编写自动化部署脚本，并完成部署；能根据集群组件进行高可用及容灾配置；能根据集群功能对各组件进行联通调试。
- **相关知识要求：**网络架构和规划知识；服务器底层配置知识；自动化脚本开发知识；集群配置知识；集群高可用及容灾知识。

第一节　硬件系统搭建

大数据硬件是指包含数据产生输出、数据存储和计算，以及海量数据分析和挖掘等范畴内的硬件设施。通常这些设备包含数据服务器、应用服务器、交换机、路由器及数据终端采集设备等。在企业实际应用场景中，需根据自身情况进行大数据硬件合理规划，制定相应大数据硬件资源设计策略，开展硬件设施规划和选型、工程实施方案制定、底层服务软硬件配置测试、优化与维护等工作。

一、大数据系统硬件设施

大数据工程技术人员的主要工作是开发、应用数据系统，以及处理、分析数据，硬件设备对他们来说是工作“场所”而非使用“工具”，因此，无须深入了解硬件原理或掌握设备所有作用。中级大数据工程技术人员需在了解硬件设备常见作用与影响大数据系统性能常见因素的基础上，能选择合适硬件设备搭建可运行系统，并了解如何配置相关参数使硬件满足大数据系统需求。

（一）服务器选型

服务器是比普通计算机在特定性能上更优秀（运行更快，负载更高，通常价格更贵）的特殊计算机。其通常承担整体系统中为其他设备提供计算或应用服务的角色，具有高速运算能力、长时间可靠运行能力、强大的外部数据吞吐能力及良好的扩展性，并为大数据系统提供计算、存储和输入输出基础性能及后续升级空间。

1. 服务器的评价指标

服务器是大数据系统的硬件基础与核心，其为数据库提供存储空间，为任务提供处理数据流的计算能力。在构建支撑大数据系统硬件系统时，需根据预估的大数据系统需求选用合适服务器，因此要求大数据工程技术人员了解如何选用服务器。服务器性能指标评价有很多维度，通常归纳为可靠性指标（reliability）、可用性指标（availability）、可扩展性指标（scalability）、易用性指标（usability）、可管理性指标（manageability），该衡量标准以 5 项指标英文首字母命名，即服务器 RASUM 评价标准。

2. 服务器选择

服务器硬件作为成熟产品，各厂商已形成不同品牌定位，以满足消费者的不同需要。目前市场上产品种类繁多，功能和性能定位不一，因不同厂商的技术存在差别，同类服务器性能和特性也存在一定差异。不过购买者不需要深入了解各厂家的技术实现或同一个性能指标下的微小差异，可通过厂商提供的品牌系列定位和具体型号参数，判断哪些产品能满足具体工程项目需求。另外，现在市场上有众多提供云服务的服务商，云服务通过虚拟化、云计算、分布式等技术，将物理服务器资源转化为虚拟化服务器资源提供给用户，与自建物理服务器相比，云服务投入成本低、产品性能稳定、不需要己方管理、扩展更加灵活，适用业务场景也更广泛。

（1）选购硬件架设物理服务器。

目前市场上的主要服务器品牌分为国内品牌和国外品牌，其中，国内品牌包括 FusionServer（华为）、ThinkServer（联想）、浪潮天梭（浪潮）、曙光天阔（中科曙光）等；国外品牌包括 Power System（IBM）、ProLiant（惠普）、CISCO UCS（思科）等。

（2）选择虚拟化服务器资源。

在很多业务情景下，自建硬件系统可提供大数据系统所需资源，是性价比较低的选择，此时，应考虑将系统部署在云服务器上。选择虚拟化服务器资源时，需关注价格、地区与域名、服务稳定性、售后服务内容与质量等因素。

（二）系统性能评估

服务器内部结构相当复杂且各不相同，但大多遵循传统计算机架构，由 CPU、硬

盘、内存、主板等主要组件及电源、风扇、输入输出端口等配件构成。厂家能针对客户需求提供一定程度的配置选择，使产品更符合客户使用需求。下面需简单了解各项配置对系统性能产生的影响，并理解如何选择。

1. CPU

CPU（central processing unit）中文意思为中央处理器，是一块超大规模的集成电路，是计算机的“大脑”与“心脏”，即运算核心和控制核心。

（1）主流 CPU 产品

CPU 是集成电路工艺集大成者，是皇冠上的明珠。目前主流各类商用 CPU 多数是国外产品，根据架构不同分为 CISC 类与 RISC 类。根据不同产品的优势特性，不同类型 CPU 的应用场景不同，从而决定服务器的特点也会不相同。

（2）CPU 性能对大数据系统的影响

CPU 主要参数有架构、封装方式、主频、供电电压、CPU 字长、CPU 功率、型号、微架构名称、平台名称、CPU 核心数等。对正在运行的服务器，可通过操作系统在 CPU 兼容性列表中查看其 CPU 关键信息。

CPU 性能参数越高，代表其处理能力越好，但需要注意不同架构间的 CPU 适用的程序并不通用。比如，A 主机的 CPU 是 x86 架构，B 主机的 CPU 是 ARM 架构，即使是同一版本程序也不能通用。如果该程序是用 C 语言编译的，则需重新编译才能使用。如果是用 Java 编译的程序，则需注意其使用的 JDK（Java Development Kit，Java 语言软件开发工具包）版本及使用参数。

虽然 CPU 是决定服务器性能最重要的因素之一，但是如果没有其他配件的支持和配合，CPU 也发挥不出其应有性能。

2. 内存

内存（memory）用于暂时存放 CPU 输出的运算数据，是 CPU 与硬盘等外部存储器交换数据的“中转站”。内存性能强弱影响计算机整体的发挥水平，其也是影响整个系统运行效率的重要硬件之一。

对单条内存而言，在 CPU 及主板支持范围内，容量越高越好，主频越高性能越强，代数越新越好。市售内存条产品通常会按一定规范提供其产品参数。

3. 存储

（1）硬盘

硬盘是计算机硬件系统中最主要的存储设备。根据工作原理不同，硬盘分为机械硬盘（hard disk drive，HDD）与固态硬盘（solid state drive，SSD）两大类。另外，还有一种融合机械硬盘与固态硬盘工作原理的混合硬盘。

对企业级应用场景来说，所有软件基础结构和用户数据，最终由硬件承载。因数据非常珍贵，而硬件导致的数据损坏又难以恢复，因此，硬盘可靠性非常重要。因考虑企业级应用场景固有属性，服务器选用的硬盘称企业级硬盘。相比普通硬盘，企业级机械硬盘在外观与规格上与普通硬盘区别不大，但在几个关键性能指标上存在差异，如硬盘容量、磁盘转速、平均访问时间、数据传输率、IOPS（Input/Output Per Second，每秒读写次数），这意味着企业级机械硬盘具有更大存储容量、更高转速、更短平均访问时间、更大缓存、更高 MTBF（通常在 100 万小时以上，两倍于家用级硬盘）。另外，为满足部分对读写速度要求极高（如内存数据库）的需求，在不考虑成本或收益足够的情况下，存放关键数据处理节点的服务器，可使用企业级固态硬盘作为存储设备。

（2）存储架构

随着业务不断发展，如何有效管理日益增长的数据是企业必须面对的难题，而架设服务器通常要满足不断扩展的业务需求，但单台硬件无论如何扩充都有性能极限。因此，升级整个系统的数据存储能力势在必行，且需思考如何让零散存储空间组成系统，为此，需制定完善数据存储备份方案，以帮助企业对存储内容进行分类和优化，并更加高效且安全地将其存储到适当存储资源中。目前主流存储方案的架构包括 DAS、NAS 和 SAN。

总体来说，DAS 是对服务器的简单扩展，无须连接网络，一般应用在中小企业；NAS 同时提供存储和文件系统，对客户端来说是文件服务器，性能取决于局域网的网络带宽；SAN 使用特殊设备接入网络，只提供基于区块的存储，对客户端来说是逻辑上的磁盘，实现了存储设备的统一管理，性能与其专用光纤网络带宽有关。

（3）RAID 技术

对整个硬件系统而言，单块硬盘并不可靠，为将多块独立磁盘组合成一个存储空

间，以防止因单个磁盘损坏而影响存储的数据实体，并为其在物理层面制作可靠备份，RAID（redundant arrays of independent disks，独立磁盘冗余阵列）技术应运而生。RAID是将多块独立硬盘（实体硬盘）按不同方式组合成一个硬盘组（概念上的硬盘），从而提供比单块硬盘更大的存储容量、更高的安全性、更高的可靠性、更好的读写性能等。

早期主要通过RAID控制器等硬件实现RAID磁盘阵列，后来出现基于软件实现的RAID。RAID按磁盘阵列的不同组合方式分为不同级别，不同RAID级别代表不同的存储性能、数据安全性和存储成本等。

RAID技术应用场景广泛，无论是DAS、NAS还是SAN架构的存储方案，都可用RAID技术，以将零散存储空间重新整合为更大、更稳定的空间。对大数据系统来说，在重要数据、高频存取情景下，需要的是高可用性与高性能，所以，较常用的是RAID0+1、RAID5等。

4. 网卡

网卡又称网络适配器或网络接口卡，是计算机赖以实现与局域网互联的设备，尤其是对外提供服务的服务器，网卡是允许服务器将自身计算与存储能力供给网络的"收费站"，是构成整体系统不可少的设备。

服务器所用网卡与消费级电子产品所用网卡不同，为保证服务器持续稳定工作，服务器专业网卡具有数据传输速度快、CPU占用率低、安全性能高等特点，自带控制芯片，配备网卡出错冗余、网卡负载均衡等容错功能。

网卡根据其接口分为多种类型，服务器上主要使用PCI-X总线网卡或PCI-E总线网卡。

目前主流服务器几乎都带有内置网卡，无须额外购置，但使用内置网卡时需注意，内置网卡是否用了特殊控制芯片，若用了特殊控制芯片，则可能导致Linux系统预设的网卡驱动程序无法识别该网卡，须额外安装该网卡专用驱动程序才能顺利使用。

（三）硬件系统分析

1. 分析原则

无论是自建、租用还是云服务器，都要考虑硬件系统配置，硬件配置需根据服务器应用需求而定，项目负责人在选择硬件系统时需分析业务重要性、服务器用途、系统访问量、存储数据空间、服务器安全性和硬件预算。

2. 分析实例

（1）需求背景

此需求来自一个省级社保机构的系统升级项目，该系统需支撑本省异地转移、异地就医和异地领取养老金等业务，故需升级其硬件数据处理能力。该省约有 1 000 万人，根据原系统访问数据预估，每天约有 1 万人访问系统开展业务，且大多数数据集中在上午 9—11 点。

（2）评估与实施

1）服务器处理能力

通常会用 TPC（transaction processing performance council，事务处理性能委员会）组织发布的 TPC-C 基准评估服务器处理能力。在设计服务器处理能力时，需将实际经验值和计算值综合考虑，设计 CPU 使用率在 35%～50%。服务器访问响应能力 =（在线用户数 × 并发率 × 在线用户平均发起请求比率）/（1- 冗余率），并考虑系统需长时间支撑的增长量。其计算公式为：

$$\text{TPC}=\frac{M\times M_0\times C_t}{T\times(1-M_1)}\times(1+P)Y$$

已知全省参保总人数 C=1 000 万，系统开放日平均交易人数比例 a_1=1‰，每笔交易对应数据库事务数 a_2=5 次，则每日平均交易次数 $M=C\times a_1\times a_2$=5 万。设交易日集中交易时间 T=120 分钟，交易日集中期内交易量比例 C_t=80%，基准 TPC 指标值对应实际交易值比例 M_0=6：1，CPU 处理能力余量 M_1=30%～45%，取 35%，系统稳定服务年限 Y=3 年，3 年内预计每年处理能力增长率 P=30%。

根据公式计算得出 TPC=120 000，即服务器选型应考虑采用 TPC 值不低于 120 000 的高端服务器系统配置。

2）内存容量

内存是所有程序运行的环境，设计内存时需从不同应用要求角度考虑，不管是 Web 服务器还是数据库服务器，对内存和 CPU 的开销都很大，因众多用户选择远程访问，对其响应速度较敏感，应保证有充足资源。通常情况下，内存容量至少达到

1 G/CPU × CPU 数，参考主流硬件厂商指标，tpmC（tpm 是 transactions per minute 的简称，C 是 TPC 中的 C 基准程序）值要达到 12 万，则服务器至少配置 8 个 CPU，因此内存至少配置 8 GB。

3）I/O 性能

磁盘 I/O 性能容易产生瓶颈，在 CPU 处理能力一定情况下，磁盘 I/O 速度会使服务器整体性能差异变得很大，一般磁盘 I/O 选择应尽量大，同时要考虑因单个磁盘 I/O 速度是一定的，需靠多磁盘并行读取提高磁盘 I/O 性能，在容量和性价比允许情况下，选择容量较小且数量多的磁盘，能提高磁盘的 I/O 性能。另外，因服务器采用了高性能 CPU 与大容量内存，主机系统总线带宽、I/O 总线带宽也需匹配 CPU 与内存，否则，CPU 与内存配置无法完全发挥。

4）存储容量

根据历史数据测算，交换区平均数据量为 200 GB，峰值数据量为 200 GB × 1.5，因考虑 0.2 倍数据库索引和系统占用空间，做 RAID 保护后总存储空间利用率预计为 60%，以及为应对可能的业务增长提供 30% 数据扩充能力等因素，总存储容量至少达到：200 × 1.5 × 1.2/60%/（1–30%）=858 GB。故需 1 TB 存储空间，并采用 SAN 中的光纤通道阵列作为数据存储。

二、大数据系统网络规划

根据大数据系统需求，参考服务器的分类依据选定硬件设备后，需考虑如何把服务器及外围设备通过网络连接起来，以形成对外提供服务的系统，能准确接收来自客户端的服务请求并做出及时反馈。

在大中型企业中，数据中心网络由网络工程师所在部门负责具体设计与实施，体系复杂且分工明确；小型企业及个人工作者提供的服务体系较简单，通常没有网络规划需求。因此，不要求大数据应用系统建设者深入掌握网络基础理论与实操过程。在之前学习中，了解与网络配置相关的基础知识已足够。中级大数据工程技术人员通常在大数据系统建设项目中充当需求提供方，虽然不强求掌握，但是学会如何测算系统对网络的需求、做出合理规划及提出准确需求，能避免低级设计错误或日后需求更新可能产生的主要问题。

（一）网络规划

1. 网络原理

计算机网络体系结构是以 OSI（open system interconnection，开放式系统互联通信）参考模型为基础模型，以其基本框架与概念、各项协议实体、数据单元、服务及各层功能特性组成的理论体系基础，是网络工程技术人员必备知识。熟悉计算机网络模型、网络互联基本原理及数据通信等网络通信基础知识，能为网络故障分析与排除提供帮助，大数据工程技术人员可根据需要自行学习。

2. 网络设备

了解网络技术基础原理后，简单了解组网技术能为大数据工程项目需要的网络需求规划提供更合理的测算依据。组网技术主要部署和配置网络设备，对大数据系统而言，必不可少的网络硬件设备有交换机和路由器。

（二）系统组网方案设计

1. 网络需求分析与流量测算

（1）网络需求分析

大数据工程技术人员需从系统整体考虑需求，网络需求只是项目总需求的一部分，见表 1-1。需求内容至少包括用户需求、系统建设需求、基础软硬件平台需求、网络带宽需求与测算、性能需求分析、安全系统建设需求等。

表 1-1　　大数据系统建设需求清单示例

需求类型	需求内容
用户需求	1. 收集用户需求，设计出符合用户需求的网络 2. 收集需求机制，包括与用户群交流、用户服务和需求归档
系统建设需求	1. 远程接入方式 2. 选择城域网或广域网 3. 组织机构框架 4. 运营体系 5. 安全信任体系 6. 数据容灾与恢复

续表

需求类型	需求内容
基础软硬件平台需求	1. 工作站指具备强大的数据运算与图形、图像处理能力的高性能终端计算机 2. 分析个人计算机的处理器、内存、操作系统及网络配置等 3. 中小型机指具有区别 PC 和服务器的特有体系结构 4. 大型机可管理大型网络、存储大量数据及驱动数据并保证其数据的完整性
网络带宽需求与测算	1. 局域网功能 2. 数据备份和容灾 3. 网络管理包括软件支持标准、硬件支持、软件范围及可管理性等
性能需求分析	1. 网络性能主要考虑网络容量和响应时间 2. 有效性指在进行网络建设策略选择时产生的各种过滤条件 3. 具有远程访问功能 4. 控制、维护网络和计算机系统的功能
安全系统建设需求	1. 身份认证 2. 内核加固 3. 账户管理 4. 病毒防护 5. 漏洞发现与补丁管理 6. 系统备份与修复 7. 桌面安全管理 8. 系统监控与审计 9. 访问控制

大数据工程技术人员可根据业务经验提供更精确的数据，如测算带宽、流量需求，以便网络建设人员更好理解与实施。

（2）通信流量测算

对复杂网络需进行通信流量分析后再测算，通常先把网络分成易于管理的多个网段，根据业务描述和用户需求，估算典型个人用户业务行为产生的通行量并乘以并发数估算网段通信量，分析内外负载以确定本地和远程网段上的通信流量分布，对区分出来的所有网段，重复上述分析步骤以计算出内部所有流量，最后，分析广域网和网络骨干的通信流量。

2. 网络结构设计

（1）逻辑网络设计

网络逻辑结构设计需根据用户的分类和分布，选择特定网络结构并使用特定技术。

逻辑网络只大致描述了设备的互联及分布情况，不会对具体物理位置与运行环境进行规定。

1）确定逻辑设计目标

此部分是用户及网络管理部门需求的汇总体现，目标通常包括：提供应用系统环境，选择成熟稳定的技术，构建合理的网络结构，确定网络周期性运维成本，保障网络结构的可扩充性、易用性、可管理性、安全性等。这些目标之间可能存在冲突，因为没有哪个目标既省钱又性能最好，只能由用户与网络建设者一起确定目标间的优先级，并让相互矛盾的目标之间更加协调。

2）网络服务评价

虽然不同的系统对网络服务要求不同，但在设计阶段需考虑影响系统运行和维护的两种主要服务——网络管理与网络安全。这两项工作内容通常在网络建设完成后，由系统用户中的网络管理人员维护，如中小企业可能由大数据工程技术人员兼任，或用体系化方式形成管理和安全机制。

3）技术选项评价与决策

决策前，主要考虑网络设计是否合理，如通信带宽及扩展性、技术成熟度、连接服务类型和投入产出比等。

（2）网络结构选择

网络拓扑（network topology）结构是指用传输介质互连各种设备的物理布局。常见网络拓扑结构有星型拓扑、总线型拓扑、环形拓扑、树形拓扑、网状型拓扑等，企业局域网常用的是总线型、星型或各种拓扑混合，且每种连接方式都有其适用场景和优点，需根据实际情况综合选择。

1）服务器作为一台终端直连局域网

在最简单的情况下，服务器与其他设备一样，通过一条 ADSL（asymmetric digital subscriber line，非对称数字用户线路）连接到互联网。此时，服务器与局域网内其他设备处于同等地位，都是单独连接到交换机再连接到互联网上。而且，局域网内的所有设备只需具有同网域的私有 IP 就可联机，服务器可做内部文件服务器或打印机服务器使用。但因局域网与互联网分不开，中间不能设置防火墙，无法区分内外访问，数

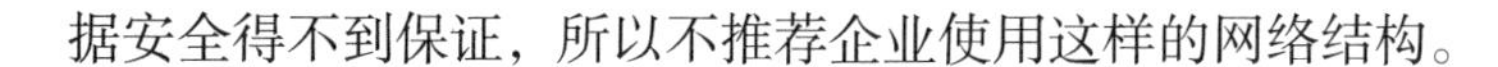

据安全得不到保证，所以不推荐企业使用这样的网络结构。

2）服务器与其他客户端分区域联网

若具有多个可用公网 IP，且服务器主要为提供外网访问或公共邮件服务，可将服务器所在网域与内部客户端网域分开。此时，所有局域网内客户端设备处于同一网域，能确保局域网内相互传输速度。另外，若客户端需连到互联网，必须通过 NAT（network address translation，网络地址转换）网关，且可在网关设备上设置防火墙规则，以方便对内部设备进行维护和管理。

3）服务器管理局域网并直接联网

在不使用网关设备情况下，可直接利用服务器管理局域网。该方案适用只有一个公网 IP 的情况，因服务器承担了 IP 分享器功能，需要该服务器具有对内与对外两套网卡。此时，服务器作为内部局域网管理机和防火墙，设定简便，功能完善，且比高端硬件防火墙便宜。但因服务器身兼多职，对其提供的服务性能有一定影响，且一旦服务器宕机，整个局域网就无法连接外网。因此，这种情况较适合小型局域网，如提供服务单一且人数较少的公司网站。

4）服务器通过防火墙联网

最后讨论大中型企业常用的网络结构，即将服务器放在局域网内，通常服务器主机都被集中放置在专用机房，连接到内部局域网环境，再通过防火墙封包重定向功能，将来自外部网络的请求经防火墙筛选后进入服务器。该结构可较好发挥防火墙作用，抵挡各种外部侦测或攻击行为，充分保障系统安全。

该方案适用于企业业务场景，尤其是担任网关的设备是一台被淘汰的服务器主机时，因其作为防火墙不需要大容量的存储与强劲的处理能力，只需网口和网卡设备合格即可，只是这种情况下防火墙设置较复杂，需由网络工程师处理。

三、硬件系统故障处理

大数据工程技术人员会遇到各种软硬件系统故障，在工作初期，因工作内容性质和管辖权限范围问题，硬件故障通常由更有经验、更专业的人员处理，部分问题还需交由设备供应商或厂家解决。到工程师阶段，管辖权限范围随经验与技能完善同步扩大，需工程师具备故障排除思维与方法，并掌握一定的硬件故障处理知识。

虽然硬件系统故障处理不是大数据工程技术人员的岗位职责范围，但是，若能理解并掌握常见问题的原因及解决思路，会对维护系统整体运行的稳定有一定的帮助。从系统角度看，人员能力也是系统整体性能的一部分，若数据系统管理者具有一定的硬件故障处理能力，能更快地判断问题、发现原因、计划处理方案、组织处理并推进处理进度，这样会让系统能尽快回归正常运行轨道。

（一）故障处理

操作系统完成一个任务时，与系统自身设置、网络拓扑结构、路由设备、路由策略、接入设备、物理线路等方面都密切相关，任何一个环节出现问题，都会影响整个系统性能。因此，当系统某方面出现问题时，应从应用程序、操作系统、服务器硬件、网络环境等方面综合排查，定位问题出现在哪个部分，然后集中解决。

系统运行过程中难免会出现各种故障，遇到故障首先需发现现象、分析问题、识别原因，谋定而后动。下面介绍一些常见硬件故障与应对方法。

1. 常见故障类型

企业架设的服务器，尤其是对外提供业务服务的服务器，若出现宕机崩溃等故障，必然影响正常业务开展，会让客户丧失信心。所以，服务器故障是业务管理者和系统管理者极力避免且需要尽快恢复的情况，即便出现也须最大限度降低业务损失。

目前主要通过工具远程管理服务器，能不间断监控并随时随地管理，工程师无须天天待在机房解决问题。这样既能节省管理人员精力，又能更快发现与解决问题，以避免影响企业业务开展。通常凡是软件和网络问题都可借助远程工具管理，硬件问题也可通过远程工具监控和发现原因（部分情况仍需前往现场解决）。

以下提供一些常见故障解决思路与办法。

（1）服务器无法启动

首先判断服务器是否断电或接触不良，可能是市电故障或电源线故障，需检查电源线和各种 I/O 接线是否连接正常。若市电与电源接线正常，判断是否电源或电源模组故障，检查电源前将所有电源接口从服务器拔下，然后将电源主板供电口的绿线和黑线短接，看电源是否启动，否则需换电源模组。若电源正常，判断是否为主板开关

故障，将服务器设为最小配置（只接单颗 CPU、最少的内存、只连接显示器和键盘），然后短接主板开关跳线，看是否能启动。若主板能成功加电，判断是否为主板或其上部件故障，主要是 CPU 或内存故障，需用替换法排除故障，在最小化配置下先由最容易替换的配件开始替换（顺序为内存、CPU），若仍无法解决，可能是主板损坏，需更换主板并将损坏主板送厂商进行二级维修。另外，在极小情况下是由其他板卡部件冲突导致无法启动，可更换这些部件。

（2）开机自检无法通过

服务器接通电源后，首先会自动运行主板上 ROM 芯片内固化的 BIOS（basic input output system，基本输入输出系统）程序，通常称 POST（power on self test，上电自检）。若系统无法通过自检，则切断电源，将机箱打开，用“CMOS CLEAR”跳线的跳线帽将“CMOS CLEAR”跳线的另外两个针短接（参考主板说明书）。然后让服务器加电，开始自检，等自检完毕，报 CMOS 已被清除，再将机器电源关掉，把跳线复原。最后重新启动电源即可通过自检正常开机。

有时会出现这种情况：为正常使用的服务器换一块新硬盘，但新硬盘安装到机器上后，却无法通过自检。此时，需取下新硬盘再开机，看是否能通过自检。若在没有新硬盘的情况下通过自检，需检查新增加硬盘的 ID 号是否与原来硬盘的 ID 号相同，若硬盘 ID 号相同，自检将无法通过。

（3）物理内存插槽报错

服务器也会遇到与家用电脑类似的蓝屏报错，除操作系统问题外，有时是因为内存条接触不良或内存损坏。物理内存未损坏情况下的解决方法：开机后，按 F2 进入“SETUP”，进入“ADVANCED”，进入“MEMORY CONFIGURATION”，选择“CLEAR DIMM ERRORS”选项并重启服务器。

（4）系统频繁重启、宕机

服务器能启动却频繁宕机，且频繁宕机原因很多，需逐步排查，一般可分为硬件方面与软件方面问题。

1）硬件方面问题。第一，考虑电源故障与电源供电不足，可通过对比计算服务器电源所有的负载功率值作出判断。第二，考虑硬盘故障，可取出磁盘，扫描磁盘表面检查是否有坏道。第三，考虑内存故障，可通过主板 BIOS 中的错误报告和操作系统报错信息判断。第四，考虑 CPU 故障，可使用替换法判断与解决，再考虑其他板卡故障或硬件冲突，一般是 SCSI/RAID 卡，其他 PCI 设备也有可能造成系统宕机，可用替换法判断处理。第五，即使完成故障部件替换，宕机故障也需在完成替换后的一段时间内进行拷机压力测试，以检查故障是否彻底解决。

2）软件方面问题。首先，检查操作系统的系统日志，系统日志可判断部分造成死机的原因。其次，考虑应用软件使用不当或系统工作压力过大导致的宕机。比如，网络端口数据流量过大，在有条件情况下需适当降低服务器的工作压力看是否能解决，如果是，需优化应用软件甚至服务流程。判断无硬件故障后，重点考虑系统软件 bug 或漏洞造成的宕机，可更新或重装操作系统解决，若无法解决则需向系统软件提供商寻求帮助。若服务器中电脑病毒，需打安全补丁或格式化并重装操作系统。

2. 故障处理实操

Linux 操作系统提供了许多监控系统状态的命令，常用监控命令有 vmstat、sar、iostat、netstat、free、ps、top 等。vmstat、sar、iostat 可用于检测是否存在 CPU 瓶颈；free、vmstat 可用于检测内存瓶颈；iostat 也可检测是否存在磁盘 I/O 瓶颈；netstat 可用于检测是否存在网络带宽瓶颈。

另外，还可安装并使用服务器监测软件工具监控服务器状态。常用企业级监控工具有 Zabbix、Nagios、OSSIM、Spiceworks、Zenoss 等。

服务器硬件故障排查需具备扎实知识，如掌握命令行的使用、懂得如何解读系统日志、知道如何诊断内核空间以发现产生硬件问题的根本原因。服务器硬件问题可由多方面引起，包括设备、模块、驱动程序、BIOS、网络，甚至旧硬件故障。

（二）性能调优

1. 性能评估

大数据系统性能是多个层次系统的共同结果，在了解服务器硬件、网络环境及网络环境造成的影响后，大数据工程技术人员需了解操作系统层面如何影响系统性能并利用操作系统对硬件及网络资源进行调优配置。

（1）查看硬件

中大型公司内部机房或专业 IDC 机房中，服务器少则十几台，多则上百台。有时需查询服务器硬件配置，但没必要花时间寻找已被丢掉的硬件购置清单或比对历次硬件升级记录，因为只要有系统管理员的账号密码，就能通过查看服务器命令情况，远程查看服务器当前状态、性能等各项详细信息，省时省力且最为准确。

（2）查看网络

在服务器上安装好操作系统后，需在内网环境中配置其 IP 以使设备在网络上拥有自己的"地址"，这样其他设备就能访问到它。网络带宽也是影响性能的重要因素，因现在运营商提供的互联网络一般都是千兆带宽或光纤网络，所以对应用程序性能造成的影响较小。

2. 性能调优

分析 Linux 服务器运行时的性能瓶颈是开展性能调优的基础。系统性能瓶颈原因各异，通常多个大型应用程序同时运行时，服务器内存不足的出现概率更高；若非应用程序初次启动，则加载时间过长通常是因为硬盘读写性能差；若内存够用，但 CPU 利用率很低，且 CPU 负载持续很高，就要持续监控负载时间。

（1）优化与调整

1）系统安装优化

系统优化可从安装操作系统开始，安装 Linux 系统时，磁盘 RAID 级别、内存交换区（Swap）的大小将直接影响以后系统的运行性能。

磁盘分配可遵循应用需求：对写操作频繁而对数据安全性要求不高的应用，可把磁盘做成 RAID0；对数据安全性较高而对读写没有特别要求的应用，可把磁盘做成 RAID1；对读操作要求较高而对写操作无特殊要求，并保证数据安全性的应用，可选择 RAID5；如果对读写要求都很高，并对数据安全性要求也很高，可选择 RAID10/01。通过不同应用需求设置不同 RAID 级别，即在磁盘底层对系统进行优化操作。

2）内核参数优化

系统安装完成后，优化工作并未结束，还可对系统内核参数进行优化，不过内核参数优化要和系统中部署的应用结合起来整体考虑。比如，在部署 Oracle 数据库应用情况下，需对系统共享内存段、系统信号量、文件句柄等参数进行优化设置；若部署了网页应用，则需根据网页应用特性进行网络参数优化，修改网络内核参数。

（2）网络性能与安全改善

1）开启 DNS 缓存守护进程

开启 DNS 缓存守护进程，可降低解析 DNS 记录需要的带宽和缩短 CPU 时间，以避免 DNS 缓存每次都从根节点开始查找 DNS 记录，从而有效改善网络性能。

2）优化 TCP 协议

优化 Linux 下的 TCP（transmission control protocol，传输控制协议）参数有助于提高网络吞吐量。TCP 收发缓存大小决定了发送主机在未收到数据传输确认时，可向接收主机发送多少数据。跨广域网通信使用的带宽较大、延迟时间较长时，建议使用较大的 TCP 收发缓存，以提高数据传输速率。

3）文件加密确保安全

为提高备份文件或敏感信息安全性，许多系统管理员都使用 GPG（GNU privacy guard，一个开放源码的加密产品）进行加密。其可使用 AES（advanced encryption standard，高级加密标准）256 加密算法，即使用 256 位密钥加密算法，其可较为有效确保加密文件不被破解。

4）采用远程备份服务

系统安全是最重要因素，系统管理员最担心出现备份文件丢失的情况，尤其是黑客入侵导致备份文件被删除，以致不能用备份恢复系统，致使任何事件都可能导致严重后果。为保证备份文件绝对安全，现有第三方提供远程备份服务业务，使用 scp 脚本或 Rsync 工具通过 SSH（secure shell，安全协议外壳）传输数据，在无人情况下直接访问远程系统，进而防止黑客从备份服务删除数据。

（3）关闭与禁用

1）关闭 GUI

GUI（graphical user interface，图形用户接口）会占用系统资源，一般情况下，所有管理任务都用命令行完成，无须开启 Linux 操作系统的 GUI。使用 init 命令禁用

GUI，将其 init level（启动级别）设置为命令行登录，而非图形登录。若临时需要 GUI，可用 init 命令开启图形用户界面。

2）禁用控制面板

部分版本 Linux 中预装许多控制面板，其主要用于管理虚拟主机或专用主机上的众多站点，如 CPanel、ZPanel、ISPCP、Plesk、WebMin 等。与 GUI 类似，企业级别维护人员一般不用这种控制面板，只需保留要使用的面板，其他的都可禁用，并能释放大量内存。

3）禁用不必要的守护进程，节省内存和 CPU 资源

Linux 默认运行了一些非必需的守护进程或服务，不断消耗内存和 CPU 资源。禁用它们可减少启动时间，释放内存，减少 CPU 要处理的进程数。

（4）优化第三方应用

对运行在 Linux 上的第三方应用程序，有许多性能优化技巧，这些技巧有助于提高 Linux 服务器性能，降低运行成本。

1）清理不需要的模块或功能

把资源用到真正需要资源的软件上，可使其运行得更快。Apache“全家桶”中默认启动了许多功能模块，禁用掉其中无用部分有助于提高系统内存可用量。

2）正确配置 Apache

检查 Apache 使用了多少内存，再调整 StartServers 和 MinSpareServers 参数，以释放更多内存，最多能节省总量的 40%。

3）正确配置 MySQL

通过设置 MySQL 缓存大小，可分配给 MySQL 更多内存。若 MySQL 服务器实例使用了更多内存，就减少 MySQL 缓存；若 MySQL 在请求增多时变慢甚至停滞，就增加 MySQL 缓存。

第二节　软件系统部署

大数据时代已经到来，其作为继云计算、物联网后IT行业又一颠覆性的技术备受关注。其中，最典型的大数据软件是Hadoop、Spark和Flink。本节将介绍Hadoop、Spark和Flink的安装部署。

一、安装Hadoop软件方法与步骤

（一）下载安装文件

本教程采用的Hadoop版本是3.3.5，可到Hadoop官网下载安装文件。因本教程全部采用Hadoop用户登录Linux系统，所以，hadoop–3.3.5.tar.gz文件会保存到“/home/hadoop/Downloads/”目录下。

下载完安装文件后，需对文件进行解压（默认已安装J0K8）。按Linux系统使用的默认规范，用户安装的软件一般都存放在“/usr/local/”目录下。可使用Hadoop用户登录Linux系统，打开一个终端，执行如下命令：

```
$sudo tar -zxvf ~ /Downloads/hadoop-3.3.5.tar.gz -C /usr/local   #解压到/usr/local中
$ cd /usr/local/
$ sudo mv ./hadoop-3.3.5/ ./hadoop    #将文件夹名改为hadoop
$ sudo chown -R hadoop:hadoop ./hadoop     #修改文件权限
```

Hadoop解压后即可使用，可输入如下命令检查Hadoop是否可用，成功则显示Hadoop版本信息：

```
$ cd /usr/local/hadoop
$ ./bin/hadoop version
```

（二）伪分布式模式配置

Hadoop 可在单个节点（一台机器）上以伪分布式方式运行，同一个节点既作为名称节点（NameNode），又作为数据节点（DataNode），可读取分布式文件系统 HDFS 中的文件。

1. 修改配置文件

需配置相关文件，才能让 Hadoop 在伪分布式模式下顺利运行。Hadoop 配置文件位于“/usr/local/hadoop/etc/hadoop/”中，进行伪分布式模式配置时，需修改 2 个配置文件，即 core-site.xml 和 hdfs-site.xml。

可使用 vim 编辑器打开 core-site.xml 文件，其初始内容如下：

```
<configuration>
</configuration>
```

修改后，core-site.xml 文件内容如下：

```
<configuration>
    <property>
        <name>hadoop.tmp.dir</name>
        <value>file:/usr/local/hadoop/tmp</value>
        <description>Abase for other temporary directories.</description>
    </property>
    <property>
        <name>fs.defaultFS</name>
        <value>hdfs://localhost:9000</value>
    </property>
</configuration>
```

在上述配置文件中，hadoop.tmp.dir 用于保存临时文件，若未配置 hadoop.tmp.dir 参数，则默认使用的临时目录为“/tmp/hadoo-hadoop”，而该目录在 Hadoop 重启时有可能被系统清理掉，从而引发一些意想不到的问题，因此，必须配置该参数。fs.defaultFS 参数，用于指定 HDFS 的访问地址，其中，9000 是端口号。

同样，需修改配置文件 hdfs-site.xml，修改后的内容如下：

```
<configuration>
    <property>
        <name>dfs.replication</name>
        <value>1</value>
    </property>
    <property>
        <name>dfs.namenode.name.dir</name>
        <value>file:/usr/local/hadoop/tmp/dfs/name</value>
    </property>
    <property>
        <name>dfs.datanode.data.dir</name>
        <value>file:/usr/local/hadoop/tmp/dfs/data</value>
    </property>
</configuration>
```

在 hdfs-site.xml 文件中，dfs.replication 参数用于指定副本数量，因为在分布式文件系统 HDFS 中，数据会被冗余存储多份，以保证可靠性和可用性。但是，因采用伪分布式模式，只有一个节点，因此，只可能有 1 个副本，所以，设置 dfs.replication 的值为 1。dfs.namenode.name.dir 用于设定名称节点元数据保存目录，dfs.datanode.data.dir 用于设定数据节点数据保存目录，且这两个参数必须设定，否则后面会出错。

配置文件 core-site.xml 和 hdfs-site.xml 的内容，也可直接到教程官网下载专区下载，位于“代码”目录下的“第 3 章”子目录下的“伪分布式模式配置”子目录中。

Hadoop 运行方式（如运行在单机模式下或运行在伪分布式模式下）由配置文件决定，启动 Hadoop 时会读取配置文件，然后根据配置文件决定运行在什么模式下。因此，若需从伪分布式模式切换回单机模式，只需删除 core-site.xml 中的配置项。

2. 执行名称节点格式化

修改配置文件后，要执行名称节点格式化，命令如下：

```
$ cd /usr/local/hadoop
$ ./bin/hdfs namenode -format
```

若格式化成功，会看到“successfully formatted”的提示信息。

3. 启动 Hadoop

执行下面命令启动 Hadoop：

```
$ cd /usr/local/hadoop
$ ./sbin/start-dfs.sh  #start-dfs.sh 是完整的可执行文件，中间没有空格
```

Hadoop 启动完成后，可通过命令 jps 判断是否成功启动，命令如下：

```
$ jps
```

若成功启动，会列出如下进程：NameNode、DataNode 和 SecondaryNameNode。若看不到 SecondaryNameNode 进程，可运行命令“./sbin/stop-dfs.sh”关闭 Hadoop 相关进程，然后，再次尝试启动。若看不到 NameNode 或 DataNode 进程，则表示配置不成功，可仔细检查之前步骤，或查看启动日志排查原因。

二、安装 Spark 软件方法与步骤

Spark 部署模式有 5 种：Local 模式（单机模式）、Standalone 模式（使用 Spark 自带的简单集群管理器）、YARN 模式（使用 YARN 作为集群管理器）、Mesos 模式（使用 Mesos 作为集群管理器）和 Kubernetes 模式（部署在 Kubernetes 集群上）。下面介绍 Local 模式（单机模式）的 Spark 安装。

（一）下载安装文件

以安装 Spark3.4.0 版本为例展开介绍，首先登录 Linux 系统（本教程统一采用 hadoop 用户登录），打开浏览器，访问 Spark 官网。在页面中选择下载“spark–3.4.0–bin–without–hadoop.tgz”，假设下载后的文件保存在“～/Downloads”目录下。

下载完安装文件后，需对文件进行解压。按 Linux 系统使用的默认规范，用户安装的软件一般都存放在“/usr/local/”目录下。可使用 hadoop 用户登录 Linux 系统，打开一个终端，执行如下命令：

```
$cd ~
$ sudo tar -zxvf ~ /Downloads/spark-3.4.0-bin-without-hadoop.tgz -C /usr/local/
$ cd /usr/local
$ sudo mv ./spark-3.4.0-bin-without-hadoop/ ./spark
$ sudo chown -R hadoop:hadoop ./spark   # hadoop 是当前登录 Linux 系统的用户名
```

（二）配置相关文件

安装文件解压缩后，还需修改 Spark 配置文件 spark–env.sh。首先，可复制一份由 Spark 安装文件自带的配置文件模板，命令如下：

```
$ cd /usr/local/spark
$ cp ./conf/spark-env.sh.template ./conf/spark-env.sh
```

然后使用 vim 编辑器打开 spark–env.sh 文件进行编辑，在该文件的第一行添加以下配置信息：

```
export SPARK_DIST_CLASSPATH=$(/usr/local/hadoop/bin/hadoop classpath)
```

有了上述配置信息后，Spark 就可把数据存储到 Hadoop 分布式文件系统 HDFS 中，也可从 HDFS 中读取数据。若未配置上面信息，Spark 只能读写本地数据，而无法读写 HDFS 数据。

需对 log4j 日志显示格式进行设置，以避免 Spark Shell 在运行过程中产生大量 INFO 级别的提示信息，因为这些提示信息会将程序执行结果“淹没”，导致我们无法

快速看到程序运行结果。可使用 vim 编辑器新建一个 log4j.properties 文件，命令如下：

```
$ cd /usr/local/spark/conf
$ vim log4j.properties
```

然后在该文件的第一行添加以下配置信息：

```
rootLogger.level=warn
rootLogger.appenderRef.stdout.ref=console
```

配置完成后可直接使用 Spark，不需要像 Hadoop 那样运行启动命令。通过运行 Spark 自带实例，可验证 Spark 是否安装成功，命令如下：

```
$ cd /usr/local/spark
$ bin/run-example SparkPi
```

执行时若输出很多屏幕信息，很难找到最终输出结果，因此为从大量输出信息中快速找到我们想要的执行结果，可通过 grep 命令进行过滤：

```
$ bin/run-example SparkPi 2>&1 | grep "Pi is roughly"
```

上述命令涉及 Linux Shell 中关于管道的知识，可查看网络资料学习管道命令用法，这里不再赘述。过滤后的运行结果如图 1–1 所示，可得到 π 的 5 位小数近似值。

图 1–1　SparkPi 程序运行结果

三、安装 Flink 软件方法与步骤

Flink 的运行需要 Java 环境的支持，因此，安装 Flink 前，请参照相关资料安装 Java 环境（如 Java8），然后到 Flink 官网下载安装包。假设下载后的安装文件被保存在 Linux 系统的“~/Downloads”目录下，可使用如下命令对安装文件进行解压缩：

```
$ cd ~ /Downloads
$ sudo tar -zxvf flink-1.16.2-bin-scala_2.12.tgz -C /usr/local
```

修改目录名称，并设置权限，命令如下：

```
$ cd /usr/local
$ sudo mv ./flink-1.16.2 ./flink
$ sudo chown -R hadoop:hadoop ./flink
```

Flink 对本地模式开箱即用，若要修改 Java 运行环境，可修改“/usr/local/flink/conf/flink-conf.yaml”文件中的 env.java.home 参数，将其设置为本地 Java 的绝对路径。

使用如下命令添加环境变量：

```
$ vim ~ /.bashrc
```

在 .bashrc 文件中添加如下内容：

```
export FLNK_HOME=/usr/local/flink
export PATH=$FLINK_HOME/bin:$PATH
```

保存并退出 .bashrc 文件，然后执行如下命令让配置文件生效：

```
$ source ~ /.bashrc
```

使用如下命令启动 Flink：

```
$ cd /usr/local/flink
$ ./bin/start-cluster.sh
```

使用 jps 命令查看进程：

```
$ jps
8660 TaskManagerRunner
9333 Jps
8383 StandaloneSessionClusterEntrypoint
```

若能看到 TaskManagerRunner 和 StandaloneSessionClusterEntrypoint 这两个进程，说明启动成功。

Flink 的 JobManager 同时会在 8081 端口上启动一个 Web 前端，可在浏览器中输入“http://localhost:8081”访问。

思考题

1. 如何测算一台服务器的处理能力？需知道哪些信息以确保准确测算？
2. 如何选择网络结构并设置网络设备？
3. 服务器有哪些常见故障现象？出现这些现象的原因分别是什么？
4. 硬件系统对大数据系统的性能有哪些影响？需如何改善？
5. 大数据系统工程实施方案需考虑哪些因素？

第二章 大数据平台管理与运维

大数据平台是现代企业信息化建设的核心组成部分，而高效的平台管理和运维对确保数据安全、可靠性和性能至关重要。本章将介绍大数据平台管理与运维的核心概念、技术和最佳实践，旨在帮助读者全面了解和掌握大数据平台管理与运维方面的知识。

本章主要从大数据组件管理、监控、运维、故障处理等方面展开说明，深入介绍如何在大数据平台环境下有效地管理、监控、运维，以提高平台可靠性、可用性和可扩展性。

- **职业功能：**大数据平台管理与运维。
- **工作内容：**平台管理；系统运维；安全维护。
- **专业能力要求：**能根据集群功能变更需求，制定组件升级及功能迁移方案；能对上线功能进行测试，评估上线可行性，制订上线计划；能对大数据平台中的各组件使用权限进行管理；能编写脚本对集群软硬件、组件与服务、作业运行情况进行监控及管理操作；能对集群的运行性能、读写性能等指标进行调优；能根据故障报告，排查故障原因，处理故障问题，并编写自动化运维脚本；能制订容灾计划，对异常服务进行故障转移；能根据权限管理规范，编写日志监控脚本进行权限安全管理；能根据漏洞报告和测试报告开发相应安全补丁；能针对各类突发外部攻击或异常事件制定应急处理方案；能对安全系统进行开发、升级和维护。

- **相关知识要求：**集群技术知识；安全访问控制知识；性能调优知识；故障排查知识；容灾管理知识；安全补丁开发知识；异常处理知识；安全工具产品知识。

大数据平台管理包括对大数据平台的整体规划、组织结构、资源调配、安全管理等方面的工作。本节将探讨如何设计和构建高效的平台管理体系，以确保平台的稳定性和可扩展性。此外，还会介绍如何制定合理的管理策略，包括用户权限管理、数据备份与恢复策略、版本控制等，以提高平台的安全性和可靠性。

一、分布式计算平台管理（Web 界面）

Hadoop 两大核心组件为 Hadoop 数据存储工具 HDFS（Hadoop Distribute File System，分布式文件系统）和 Hadoop 资源管理器 YARN（yet another resource negotiator，一种开源的分布式资源管理器）。本节内容基于 Hadoop 3.3.5。

（一）HDFS 分布式文件系统平台简介

1. HDFS 简介

HDFS（Hadoop distributed file system）是 Hadoop 项目的核心子项目，是分布式计算中数据存储管理的基础，是基于流数据模式访问和处理超大文件需求而开发，可运行于廉价商用服务器。其具有的高容错、高可靠性、高可扩展性、高获得性、高吞吐率等特征，为海量数据提供了安全的存储空间。

2. HDFS Web 平台介绍

打开 HDFS Web 界面，导航栏包括 Overview（集群概述）、Datanodes（数据节点）、Datanodes Volume Failures（数据节点卷故障）、Snapshot（快照）、Startup Progress（启

动进度）、Utilities（工具）。

（1）Overview

Overview 展示信息包含 Namespace（命名空间）、Namenode ID（节点 ID）、Started（启动时间）、Version（版本号）、Compiled（编译时间）、Cluster ID（集群 ID）、Block Pool ID（区块池 ID）。

（2）Datanodes

Datanodes 展示节点的详细信息，包含 Datanode Usage Histogram（数据节点使用率柱状图）、In Operation（运行中的节点信息）、Entering Maintenance（进入维护的节点列表）、Decommissioning（退役的节点列表）。

（3）Datanode Volume Failures

Datanode Volume Failures 展示数据节点卷失败的详细信息。

（4）Snapshot

Snapshot 展示快照信息摘要，包含 Snapshottable Directories（快照目录列表）、Snapshotted Directories（已创建的快照目录）。

（5）Startup Progress

Startup Progress 展示启动过程信息，显示集群启动时加载的 Fsimage 和 Ddits。

（6）Utillties

通用 Utillties 可查看文件系统（Browse the File System）、查看日志（Logs）、查看和设置日志等级（Log Level）、查看指标（Metrics）、查看配置（Configuration）、查看进程线程堆（Process Thread Dump）、查看网络拓扑结构（Network Topology）。

（二）YARN 资源调度平台简介

1. YARN 简介

YARN 是 Hadoop 资源管理器，它是通用资源管理系统，可为上层应用提供统一的资源管理和调度，YARN 的引入为集群在利用率、资源统一管理和数据共享等方面带来了巨大好处。YARN 主要负责集群资源的管理和调度，支持主从架构，主节点最多有 2 个，从节点可有多个。其主节点称 ResourceManager，主要负责集群资源的分配和管理；从节点称 NodeManager，主要负责当前机器资源管理。YARN 主要管理内

存和 CPU 两种资源类型。当 NodeManager 节点启动时自动向 ResourceManager 注册，将当前节点上的可用 CPU 信息和内存信息注册上去，所有 NodeManager 注册完成后，ResourceManager 就会知道目前集群的资源总量。

2. YARN 平台 Web 界面介绍

安装完 Hadoop 后，可在浏览器中通过 http://master：8088 访问 YARN 的 Web UI。下面介绍 Cluster 和 Nodes 两个界面中和资源有关的信息。

（1）Cluster

对下面 7 个字段信息进行解释。

1）Active Nodes：表示 YARN 集群管理的节点个数，其实就是 NodeManager 的个数。

2）Memory Total：表示 YARN 集群管理的内存总大小，该内存总大小等于所有 NodeManager 管理的内存之和，每个 NodeManager 管理的内存大小都通过 yarn–site.xml 中的如下配置进行配置：

```
<property>
        <name>YARN.nodemanager.resource.memory-mb</name>
        <value>1630</value>
        <description> 表示 NodeManager 管理的内存大小 </description>
</property>
```

从配置中可知每个 NodeManager 管理的内存大小是 1 630 MB，则整个 YARN 集群管理的内存总大小是 1 630 MB × 2=3 260 MB，约为 3.18 GB。

3）Vcores Total：表示 YARN 集群管理的 CPU 虚拟核心的总数，该大小等于所有 NodeManager 管理的虚拟核心之和，每个 NodeManager 管理的虚拟核心数都通过 yarn–site.xml 中的如下配置进行配置：

```
<property>
          <name>YARN.nodemanager.resource.cpu-vcores</name>
          <value>2</value>
         <description> 表示 NodeManager 管理的虚拟核心个数
         </description>
</property>
```

从配置中可知，每个 NodeManager 管理的虚拟核心数是 2，则整个 YARN 集群管理的虚拟核心总数是 2×2=4。

4）Scheduler Type。表示资源分配类型。

5）Minimum Allocation。表示最小分配资源，即当一个任务向 YARN 申请资源时，YARN 至少会分配 <memory：1024，vCores：1> 资源给该任务，该分配的最小内存和最小核心数可分别由配置 YARN.scheduler.minimum-allocation-mb（默认值是 1 024 MB）和 YARN.scheduler.minimum-allocation-vcores（默认值是 1）控制。

6）Maximum Allocation。表示最大分配资源，即当一个任务向 YARN 申请资源时，YARN 最多会分配 <memory：1630，vCores：2> 资源给该任务，该分配的最大内存和最多核心数可分别由配置 YARN.scheduler.maximum-allocation-mb（默认值是 8 192 MB）和 YARN.scheduler.maximum-allocation-vcores（默认值是 32）控制，不过这两个值的大小不能比集群管理资源的大。

（2）Nodes

YARN 集群管理的两个 NodeManager 的状态信息，具体如下：

1）Rack。表示 NodeManager 所在机器所在的机架。

2）Node State。表示 NodeManager 的状态。

3）Mem Used。表示每个 NodeManager 已使用的内存大小。

二、大数据处理引擎（Spark）平台管理（Web 界面）

在提交 Spark 任务运行后，日志中会输出 Tracking URL 即任务的日志链接。在浏览器中打开 Tracking URL 后，默认进入 Jobs 页。

首先看到 Spark 当前应用的 Jobs 页面，上面的导航栏包括以下内容：

（1）Jobs 页面。可看到当前应用分析出来的所有任务，以及所有执行器中动作的执行时间。

（2）Stages 页面。可看到应用的所有阶段，阶段按宽依赖区分，因此粒度要比作业更细一些。

（3）Storages 页面。可查看应用目前使用了多少缓存。

（4）Environment。展示了当前 Spark 依赖的环境。

（5）Executors 页面。可看到执行者申请使用的内存及 Shuffle 中输入和输出等数据。

三、流处理与批处理平台管理（Web 界面）

Flink 的 Web UI 提供了可视化界面监控和管理 Flink 集群，以及查看作业状态、指标和日志。下面是关于 Flink Web UI 的一些重要内容。本节基于 Flink 1.17.1。

（一）访问 Flink Web UI

部署完 Flink 后，在浏览器中输入“http：//<flink-master>：8081”，其中 <flink-master> 是 Flink 主节点的 IP 地址或域名。若一切正常，可看到 Flink 的 Web UI 界面。

（二）Overview

在 Overview 界面下，显示了 Flink 集群的总体概况，包括已运行的作业数、任务槽数、TaskManager 和 JobManager 状态等信息。因此可使用该页面了解整个集群状态。

（三）作业视图

作业视图页面列出了当前正在运行的作业，以及已完成和失败的作业。因此可查看每个作业的运行状态、执行图和任务指标。此外，还可在该页面执行取消作业、重新启动作业等操作。

（四）任务视图

任务视图页面提供了作业中各任务更详细的视图。因此可查看每个任务的运行状态、计数器、指标和日志。此外，通过该页面，还可深入了解作业的执行情况和性能。

（五）提交作业

可在“Submit New Job”页面提交作业至 Flink 集群，点击右侧的 Add New，选择 JAR 包，提交任务后可看到已提交的 JAR 包，填写相关参数后，点击 Submit，页面会自动跳转至 Running Job 页面，展示当前任务运行信息。任务运行完成后可在 Complete Jobs 页面看到相关信息。

四、分布式非关系型数据库平台管理（Web 界面）

Apache HBase 是以 HDFS 为数据存储的一种分布式、可扩展的 NoSQL 型数据库，支持海量数据存储。

（一）使用环境

Apache HBase 的使用依赖 Zookeeper、JDK、Hadoop（HDFS），所以，使用 HBase 前，要确保已将之前几个必要环境安装成功并启动。HBase 启动后，在浏览器中输入“http://master:16010”便可在浏览器中查看 HBase 的 Web 界面。

（二）Apache HBase Web 界面介绍

Apache HBase 的 Web 界面包括 Home（主界面）、Table Details（表详情界面）、Procedures&Locks（程序和锁）、Process Metrics（进程指标）、Local Logs（本地日志）、Log Level（日志级别）、Debug Dump（调试存储）、Metrics Dump（指标存储）、HBase Configuration（HBase 配置）。需要注意，因每个人配置的节点数、节点名称和版本不同，所以呈现的内容不会完全一致。

五、常见大数据管理平台与工具

为更快捷高效管理大数据集群，大数据集群管理工具应运而生，目前市场存在多款集群监控和管理工具，本节以 Ambari 和 Hue 为例展开介绍。Ambari 平台是用于管理和监控 Apache Hadoop 集群的开源工具，其为用户提供了一个友好的 Web 界面，使用户可轻松设置、配置和管理 Hadoop 集群的各种组件和服务。HUE 平台是一个开源的 Web 界面，用于与 Apache Hadoop 集群进行交互。其提供了一个易于使用的界面，使用户可通过浏览器执行各种任务，如运行 Hive 查询、管理 HDFS 文件、运行 Spark 作业等。此外，HUE 也支持其他一些大数据工具和服务，如 Oozie、Pig 等。

（一）使用 Ambari 上下线节点

1. 上线节点

进入 Ambari 的 Web 界面，点击 Hosts，选择“Add New Hosts”，然后选择“Add Host Wizard”，填写新节点和私钥，即可完成节点上线。

2. 下线节点

将要删除的节点设置为 Decommissioned，如图 2–1 所示。

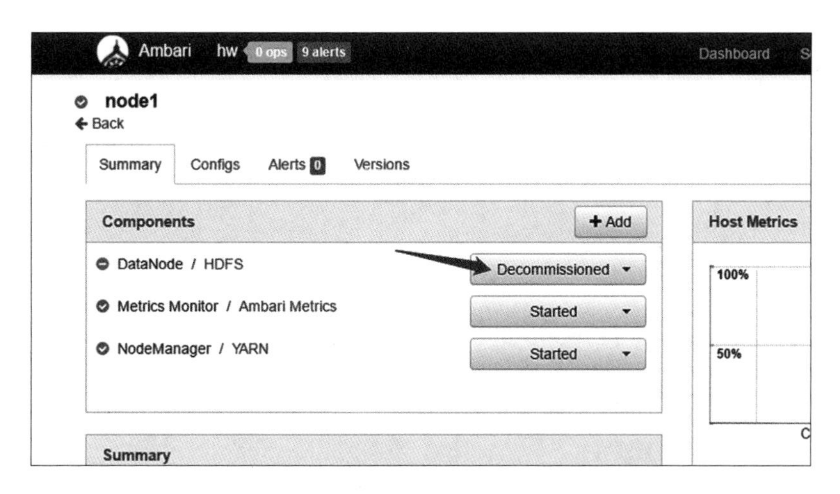

图 2–1 删除节点

将节点上的工作组件停止，如图 2–2 所示。

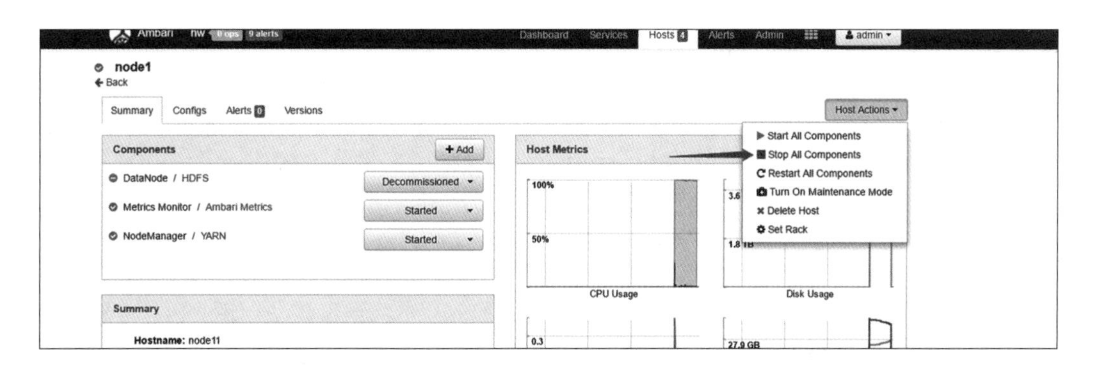

图 2–2 停止工作组件

点击“Delete Host”，如图 2–3 所示。

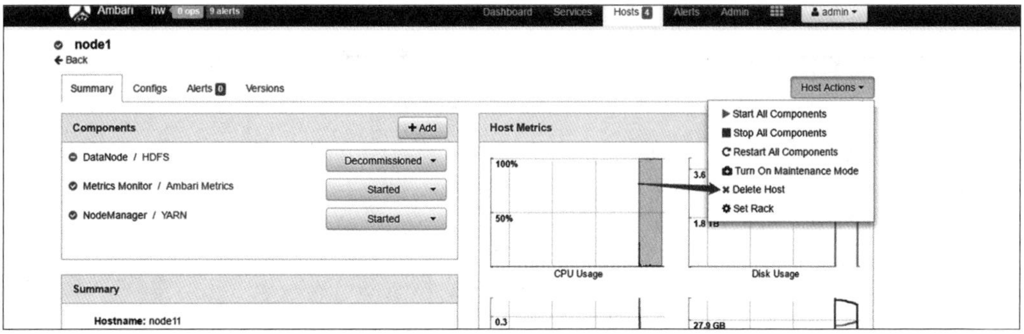

图 2–3 Delete Host

在所停止节点的终端执行以下命令：

ambari-agent stop

执行以下命令重启 HDFS：

sbin/stop-dfs.sh

sbin/start-dfs.sh

（二）使用 Hue 集成 Hadoop 进行可视化管理

此处使用的 Hue 版本为 3.9.0-cdh5.14.0，Hadoop 版本为 3.3.0。

1. 在 Hue 中集成 HDFS

（1）修改 core-site.xml

切换到 hadoop-3.3.0/etc/hadoop 目录下，执行以下命令：

```
$ vim core-site.xml
```

将以下参数写入 core-site.xml：

```
<property>
<name>hadoop.proxyuser.root.hosts</name>
<value>*</value>
</property>
<property>
<name>hadoop.proxyuser.root.groups</name>
<value>*</value>
</property>
```

（2）修改 hdfs-site.xml 文件

在 hadoop-3.3.0/etc/hadoop 目录下，执行以下命令：

```
$ vim hdfs-site.xml
```

将以下参数写入 hdfs-site.xml：

```
<property>
        <name>dfs.webhdfs.enabled</name>
        <value>true</value>
</property>
```

修改 core-site.xml 和 hdfs-xml 以后，通过 scp 指令将这两个文件添加到其他节点中：

```
$ scp -r core-site.xml node2:'pwd'/
$ scp -r core-site.xml node3:'pwd'/
$ scp -r hdfs-site.xml node2:'pwd'/
$ scp -r hdfs-site.xml node3:'pwd'/
```

（3）修改 hue.ini 文件

切换到 Hue 安装目录下的 conf 子目录，执行以下命令：

```
$ vim hue.ini
```

按如下内容设置参数：

```
[[hdfs_clusters]]
    [[[default]]]
fs_defaultfs=hdfs://x.x.x.x:8020
webhdfs_url=http://x.x.x.x( 主节点 ip):9870
hadoop_hdfs_home= /hadoop 所在目录 /hadoop-3.3.0
hadoop_bin=/hadoop 所在目录 /hadoop-3.3.0/bin
hadoop_conf_dir=/hadoop 所在目录 /hadoop-3.3.0/etc/hadoop
```

（4）重启 HDFS

执行如下命令重启 HDFS：

```
$ stop-dfs.sh
  start-dfs.sh
```

2. 在 Hue 中集成 YARN

（1）修改 hue.ini 文件

切换到 Hue 安装目录下的 conf 子目录，执行以下命令：

```
$ vim hue.ini
```

按如下内容设置参数：

```
[[YARN_clusters]]
    [[[default]]]
        resourcemanager_host=x.x.x.x( 主节点 ip)
        resourcemanager_port=8032
        submit_to=True
        resourcemanager_api_url=http://x.x.x.x( 主节点 ip):8088
        history_server_api_url=http://x.x.x.x( 主节点 ip):19888
```

（2）重启 Hue

执行如下命令启动 Hue：

```
$ build/env/bin/supervisor
```

打开浏览器后，即可进行可视化操作。

（三）使用 Hue 集成 HBase 进行可视化管理

此处使用的 Hue 版本为 3.9.0-cdh5.14.0，Hadoop 版本为 3.3.0，HBase 版本为 2.1.0。

1. 修改 HBase 相关配置

在 HBase 安装目录下找到 hbase-site.xml 文件，将以下内容添加到文件：

```
<property>
   <name>HBase.thrift.support.proxyuser</name>
   <value>true</value>
</property>
<property>
   <name>HBase.regionserver.thrift.http</name>
   <value>true</value>
</property>
```

执行完成后，通过 scp 命令发送到其他节点。

2. 修改 Hadoop 配置

在 Hadoop 安装目录下找到 core-site.xml 文件，将以下内容添加到文件：

```
<property>
<name>hadoop.proxyuser.HBase.hosts</name>
<value>*</value>
</property>
<property>
<name>hadoop.proxyuser.HBase.groups</name>
<value>*</value>
</property>
```

执行完成后，通过 scp 命令发送到其他节点。

3. 修改 Hue 配置

在 Hue 安装目录下找到 hue.ini 文件，将文件中的内容修改如下：

```
[HBase]
  # Comma-separated list of HBase Thrift servers for clusters in the format of
'(name|host:port)'.
  # Use full hostname with security.
  # If using Kerberos we assume GSSAPI SASL, not PLAIN.
  HBase_clusters=(Cluster| 主节点 ip:9090)
  # HBase configuration directory, where HBase-site.xml is located.
  HBase_conf_dir=/export/servers/HBase-2.1.0/conf
  # Hard limit of rows or columns per row fetched before truncating.
  ## truncate_limit=500
  # 'buffered' is the default of the HBase Thrift Server and supports security.
  # 'framed' can be used to chunk up responses，
  # which is useful when used in conjunction with the nonblocking server in Thrift.
  thrift_transport=buffered
```

4. 启动 Zookeeper 服务

在每个节点都执行如下命令：

```
$/(zookeeper 安装包目录 )/zookeeper/bin/zkServer.sh start
```

5. 启动 HDFS

执行如下命令启动 HDFS：

```
$ start-dfs.sh
```

6. 启动 HBase

执行如下命令启动 HBase：

```
$ start-hbase.sh
```

7. 启动 Thrift

执行如下命令启动 Thrift：

```
$ hbase-daemon.sh start thrift
```

8. 启动 Hue

执行如下命令启动 Hue：

```
$ build/env/bin/supervisor
```

打开浏览器后，即可进行可视化操作。

第二节　系 统 运 维

大数据平台系统运维包括监控、故障排除、性能优化等任务，旨在确保大数据平台能顺利运行和高效利用资源。本节将介绍常见的系统运维工具和技术，如日志分析、异常检测、性能调优等，以及如何进行容量规划和可扩展性设计，以应对不断增长的数据需求和业务压力。此外，还会讨论如何建立有效故障恢复策略和灾备机制，以应对可能发生的系统故障和灾难。

一、分布集群状态监控

随着大数据技术发展，Hadoop 已成为企业级数据处理和分析的首选平台。然而，在实际应用中，对 Hadoop 集群的管理和维护复杂且关键，因此，为确保 Hadoop 集群稳定运行，需对集群状态进行实时监控。下面将介绍如何使用各种工具和技术监控 Hadoop 分布式集群状态，以便及时发现并解决潜在问题。

（一）概述

Hadoop 分布式集群是由多个节点组成的计算系统，且这些节点通过网络相互连接并协同工作。在实际应用中，通常会部署一个或多个 Hadoop 集群处理大规模数据集。随着 Hadoop 集群规模不断扩大，跨多个计算节点任务并行执行，集群运行状态监控变得愈发关键。因此，为确保集群正常运行，集群管理员需实时了解集群健康状况、资源利用率和任务执行情况，以便及时发现和解决问题，并优化集群性能。分布式集群状态监控可提供实时监控功能，还可为决策者提供有价值的数据分析，有助于其做出正确调优和扩展决策。

对 Hadoop 集群状态进行监控的原因有很多。首先，其可帮助我们及时发现集群中的性能瓶颈和故障。其次，其可确保应用程序能充分利用集群资源，以提高整体的处理能力。最后，其可帮助我们优化集群配置和调整策略，以适应不断变化的数据需求。显然，随着大数据时代来临，Hadoop 已成为大规模数据处理的首选框架，而 Hadoop 分布式集群的高可用性和可伸缩性，使其成为处理海量数据的理想工具。

（二）Hadoop 集群状态监控指标

Hadoop 监控指标指在 Hadoop 集群中，用于监控和评估系统性能的一组指标。这些指标可帮助管理员和开发人员了解集群健康状况，识别潜在问题，并采取相应措施优化系统性能。

为有效监控 Hadoop 集群，本节将介绍一些常见 Hadoop 集群监控指标，包括但不限于以下内容。

1. 资源利用率指标

CPU 利用率、内存使用率、磁盘利用率、网络带宽利用率等指标用于衡量集群中各种资源的利用率。通过监控这些指标，管理员可了解集群资源利用率的情况，以便及时调整资源分配，从而避免资源浪费。

2. 任务执行指标

任务运行状态、任务运行时间、任务间传输的数据量、任务效率等指标用于衡量 Hadoop 集群中各任务的执行情况，如 MapReduce 任务、Hive 查询、Pig 脚本等任务。通过监控这些指标，管理员可了解任务执行状态、执行时间、资源消耗、错误率等情况，以便及时调整任务参数和优化算法。

3. 数据存储指标

数据存储指标用于衡量 Hadoop 集群中数据的存储情况，如 HDFS 文件系统的容量、块大小、副本数等。通过监控这些指标，管理员可了解数据存储情况，以便及时调整存储策略和备份方案。

4. 网络流量指标

HDFS 集群中的节点间通过网络通信，故网络稳定性和可靠性对 HDFS 的正常运行至关重要。数据传输速率、网络延迟等指标用于衡量 Hadoop 集群中网络流量情况。通过监控这些指标，管理员可及时发现网络故障或网络负载过高等情况，以便及时调整网络拓扑和优化数据传输，以保证 HDFS 集群的稳定性和可靠性。管理员可采取一些策略提高网络性能，如选择更高速的网络设备、优化网络拓扑、调整数据节点位置等。此外，使用合适的数据块大小、增加数据副本数量，也可提高 HDFS 的网络性能。

（三）Hadoop 集群状态监控的主要工具

1. YARN ResourceManager 状态监控

YARN ResourceManager 是 Hadoop 2.0 及以后版本的核心组件，负责管理整个集群的资源分配和调度。为监控 YARN ResourceManager 状态，可使用 Hadoop 自带的各种工具和第三方监控工具。例如，可使用 "yarn top" 命令查看 ResourceManager 的 CPU 和内存使用情况；使用 "yarn admin-report" 命令查看 ResourceManager 各种统计信息；使用 Web UI（如 YARN Web UI）查看更详细的信息。此外，还可使用第三方监控工具（如 Prometheus、Grafana 等）收集和展示 ResourceManager 状态指标，以便进行更深入的分析和报警。

ResourceManager 状态监控对确保集群的正常运行至关重要。YARN ResourceManager 状态监控的关键指标包括 CPU 使用率、内存使用率、网络带宽、任务队列长度、应用程序队列长度、健康状况等。

2. HDFS NameNode 状态监控

NameNode 是 HDFS 的元数据管理器，负责跟踪文件系统中的所有文件和目录，并为客户端提供文件和目录访问权限。为监控 HDFS NameNode 状态，可使用 Hadoop 自带的各种工具和第三方监控工具。例如，可使用 "hdfs dfsadmin -report" 命令查看 NameNode 各种统计信息；使用 Web UI（如 HDFS Web UI）来查看更详细的信息。此外，还可使用第三方监控工具（如 Prometheus、Grafana 等）收集和展示 NameNode 状态指标，以便进行更深入的分析和报警。

HDFS NameNode 状态监控的关键指标包括磁盘空间使用情况、块副本数量、数据块传输速率、健康状况等。

3. MapReduce 任务状态监控

MapReduce 是 Hadoop 的核心计算模型，用于处理大规模数据集。MapReduce 任务状态监控是指对 MapReduce 作业各阶段进行监控，以便及时发现问题并处理。在 Hadoop 中，可通过以下方式对 MapReduce 任务状态进行监控：

（1）使用 Hadoop 自带的命令行工具。Hadoop 自带命令行工具，如 "hadoop dfsadmin -report" 和 "yarn application -status <application_id>"，可查看 NameNode 的各种统计信息和任务状态。此外，还可使用 "hadoop jar $HADOOP_HOME/share/hadoop/tools/lib/hadoop-streaming-*.jar status <job_name>" 命令查看作业状态。

（2）使用第三方监控工具。除 Hadoop 自带工具外，还有第三方监控工具可用来监控 MapReduce 作业状态，如 Prometheus、Grafana 等。这些工具有助于收集和展示作业的状态指标，以便进行更深入的分析和报警。

（3）可视化界面。一些企业会开发自己的可视化界面监控 MapReduce 作业状态。

MapReduce 任务状态监控的关键指标包括任务状态、任务进度、资源使用情况、网络流量、错误日志等。

二、分布集群动态扩缩容

Hadoop 是开源分布式计算框架，可处理大规模数据集，并提供高可用性和可扩展性。在实际应用中，为更好利用 Hadoop 优势，需对 Hadoop 集群进行动态扩缩容。下面介绍 Hadoop 分布集群动态扩缩容的基本原理和方法。

（一）概述

Hadoop 被广泛应用于大数据处理和分析，因此，随着数据规模和工作负载的增长，集群扩展性和弹性成为关键要素。Hadoop 集群具备动态扩缩容能力，且动态扩缩容可根据实际需求对集群规模进行自动调整，以满足变化的工作负载和数据处理需求。可见，这种能力可提高集群灵活性和可扩展性，还可减少资源浪费。

HDFS 动态扩容是指在运行过程中，根据实际需求自动增加或减少 HDFS 集群的节点数量，以提高系统性能和可靠性。

在 HDFS 中，数据被分成多个块（block），并存储在不同的 DataNode 上。当客户

端需读取或写入数据时，其会向 NameNode 发送请求，由 NameNode 将请求路由到相应 DataNode 上。为保证数据的可靠性和高可用性，HDFS 采用了主从复制方式，即每个 DataNode 都会备份一份数据到其他 DataNodc 上，以防止某个 DataNode 出现故障导致数据丢失。

当 HDFS 集群中的节点数量不能满足业务需求时，可通过动态扩容增加节点数量。具体来说，可通过添加新的 DataNode 扩展集群规模。添加新节点时，需进行一系列配置和调整，包括重新分配块、重新启动 NameNode 等。

相反，当 HDFS 集群中的节点数量过多时，可通过动态扩容减少节点数量，可删除不必要的 DataNode。删除节点时，需确保不会影响运行中作业和数据的可靠性和完整性。

总之，HDFS 动态扩容是一种非常灵活和高效的扩容方式，可根据实际需求自动调整集群规模，以提高系统性能和可靠性。

（二）动态扩缩容方法

1. 动态扩缩容策略

实现 Hadoop 分布集群的动态扩缩容需综合考虑多个因素。下面介绍一些常见的动态扩缩容策略包括但不限于以下内容：

（1）资源利用率监控。通过监控集群资源利用率（如 CPU、内存和磁盘等），并根据阈值进行自动扩缩容。

（2）任务队列长度监控。监控任务队列长度，当队列长度超过一定阈值时，自动扩容以提高任务处理能力。

（3）数据存储空间监控。监控集群中的存储空间，当存储空间接近上限时，自动扩容以容纳更多数据。

（4）用户需求预测。基于历史数据和趋势分析，预测未来的用户需求，并提前进行扩缩容操作。

2. 动态扩缩容工具

为实现 Hadoop 分布集群的动态扩缩容，可利用如下常用动态扩缩容工具和技术，且包括但不限于以下内容：

（1）YARN（yet another resource negotiator）动态扩缩容

YARN 是 Hadoop 的资源管理器，其具备动态调整集群规模能力。通过调整 YARN 的配置参数，并根据实际需求自动增加或减少计算资源。

1）动态增加计算资源。可通过增加计算节点（NodeManager）数量扩展集群计算能力。将新的计算节点添加到集群后，YARN 会自动检测并将其纳入资源管理范围，任务调度器会根据需求分配任务到新的计算节点。

2）动态减少计算资源。可通过减少计算节点数量缩小集群规模。当某些计算节点因故障或资源利用率低而不再被需要时，可将其停止或下线，且资源管理器会自动将其排除在资源分配外。

通过使用 YARN 动态扩缩容功能，并根据任务负载变化灵活地调整集群计算资源，以提高资源利用率和性能。

（2）云平台和容器化技术的动态扩缩容

利用云平台和容器化技术，可进一步实现动态扩缩容，并提供更高级别的自动化管理，具体如下：

1）云平台。将 Hadoop 部署在云平台（如 AWS、Azure、GCP 等）上，即可利用云服务商提供的自动扩缩容功能。根据预定义的策略和指标（如 CPU 利用率、网络流量等），云平台可自动调整集群规模，以增加或减少计算和存储资源。

2）容器化技术。使用容器编排工具（如 Kubernetes）管理 Hadoop 集群，可实现更灵活的动态扩缩容。通过定义自动扩缩容策略，并使用水平扩展功能，根据负载情况自动调整容器副本数量，以实现集群规模的动态变化。

云平台和容器化技术提供了更高级别的自动化管理和扩缩容能力，同时降低了运维和管理的复杂性。

（3）自动化脚本和编程接口的动态扩缩容

可编写自动化脚本或使用编程接口实现对 Hadoop 集群的动态扩缩容，具体如下：

1）自动化脚本。通过编写脚本，结合监控工具和指标数据，可实现集群规模的动态调整。脚本可根据预设条件和策略，监控集群的状态和负载情况，并根据需求自动添加或删除计算和存储节点。

2）编程接口。Hadoop 提供了丰富的编程接口（如 Hadoop API、YARN API 等），可通过编程方式实现动态扩缩容。开发人员可通过编写自定义的应用程序或扩展现有管理工具，实现对集群规模的动态管理。

通过编写自动化脚本和使用编程接口，并根据实际需求和策略，实现灵活的动态扩缩容操作，并根据集群状态和负载进行智能调整。

（三）动态扩缩容操作

1. 扩容

第一步，在基础准备部分主要设置 Hadoop 运行的系统环境，操作如下：

（1）修改新机器系统 hostname（通过 /etc/sysconfig/network 进行修改）。

（2）修改 hosts 文件，将集群所有节点 hosts 配置进去（集群所有节点保持 hosts 文件统一）。

（3）设置 NameNode 到 DataNode 的免密码登录（ssh-copy-id 命令实现）。

（4）修改主节点 slaves 文件，添加新增节点的 ip 信息（集群重启时配合一键启动脚本使用）。

（5）在新机器上上传并解压新的 Hadoop 安装包，从主节点机器上将 Hadoop 的所有配置文件，scp 到新的节点上。

第二步，添加 Datanode，操作如下：

（1）在 Namenode 所在机器的 /export/servers/hadoop-2.6.0-cdh5.14.0/etc/hadoop 目录下创建 dfs.hosts 文件，在该文件中添加如下主机名称（包含新服役的节点）：

```
node-1
node-2
node-3
node-4
```

（2）在新机器上单独启动 Datanode，命令如下：

```
$ hadoop-daemon.sh start datanode
```

刷新界面可看到已完成添加节点。

第三步，配置 Datanode 负载均衡服务，操作如下：

（1）因新加入的节点没有数据块的存储，导致集群整体负载不均衡。因此最后还需对 HDFS 配置负载均衡，因默认数据传输带宽较低，设置为 64 M 即可。

（2）默认 Balancer 的门槛值为 10%，即各节点与集群总的存储使用率相差不超过 10%，可将其设置为 5%。启动 Balancer，待集群自均衡完成即可。

第四步，添加 NodeManager，操作如下：

（1）在新机器上单独启动 NodeManager，命令如下：

```
$ YARN-daemon.sh start nodemanager
```

（2）在 ResourceManager，通过 yarn node –list 查看集群情况。

2. 缩容

第一步，添加退役节点，操作如下：

（1）在 NameNode 所在服务器的 Hadoop 配置目录 etc/hadoop 下，创建 dfs.hosts.exclude 文件，并添加需退役的主机名称。注意：该文件中一定要写真正的主机名或 IP 地址，不能写 node–4，具体内容如下：

```
node04.hadoop.com
```

（2）在 NameNode 机器的 hdfs–site.xml 配置文件中增加 dfs.hosts.exclude 属性。

第二步，刷新集群，操作如下：

（1）在 NameNode 所在机器执行以下命令，刷新 NameNode，刷新 ResourceManager：

```
$ hdfs dfsadmin -refreshNodes

$ YARN rmadmin –refreshNodes
```

待退役节点状态为 decommissioned（所有块已复制完成）时，停止该节点及节点资源管理器。注意：若副本数是 3，服役节点小于或等于 3，则不能退役成功，需修改副本数后才能退役。

在 node–4 节点上执行以下命令，停止该节点进程：

```
$ cd /export/servers/hadoop-2.6.0-cdh5.14.0
$ sbin/hadoop-daemon.sh stop datanode
$ sbin/yarn-daemon.sh stop nodemanager
```

在 NameNode 所在节点执行以下命令刷新 NameNode 和 ResourceManager：

```
$ hdfs dfsadmin –refreshNodes
$ yarn rmadmin –refreshNodes
```

在 NameNode 所在节点执行以下命令进行均衡负载：

```
$ cd /export/servers/hadoop-2.6.0-cdh5.14.0/
$ sbin/start-balancer.sh
```

三、分布式文件系统运维

HDFS（Hadoop distributed file system）是 Hadoop 生态系统中的核心组件之一，是一种分布式文件系统，支持大规模数据的存储和处理。HDFS 的运维对确保其性能和可靠性至关重要，下面介绍概述、安装与配置、数据管理、安全性、监控和维护、总结等内容。

（一）概述

HDFS 是主从结构的分布式文件系统，由多个节点组成。其中，NameNode 是主节点，负责管理文件系统的命名空间和数据块，以及处理客户端请求；DataNode 是从节点，负责存储数据块。该架构使 HDFS 能支持大规模数据的存储和处理，并具有良好的容错性和可扩展性。

（二）安装与配置

1. 安装环境准备

安装 HDFS 前，需先准备好相应环境，包括以下几点：

（1）确定 Hadoop 版本和架构，以及所需依赖库和配置文件。

（2）确保所有节点都已安装 Java 环境，且版本一致。

（3）配置 SSH 无密码访问，以便进行远程连接和管理。

（4）配置时区和本地化设置。

2. 配置 HDFS

配置 HDFS 时，需编辑以下几个核心配置文件：

（1）core-site.xml。包含 HDFS 的核心配置参数，如文件系统名称、数据存储目录等。

（2）hdfs-site.xml。包含 HDFS 的分布式文件系统配置参数，如数据块大小、副本系数等。

（3）yarn-site.xml。包含 YARN 的配置参数，如资源管理器地址、作业调度器等。

配置 HDFS 过程中，需注意以下几点：

（1）确定 NameNode 和 DataNode 的节点地址和数据存储目录。

（2）配置合理的副本系数和数据块大小，以保证数据的安全性和性能。

（3）配置合适的文件权限和用户组，以确保系统的安全性和可维护性。

3. 启动与测试

完成配置后，可启动 HDFS 并进行测试。在启动过程中，需按照指定顺序启动 NameNode、SecondaryNameNode 和 DataNode 节点。启动成功后，可通过命令行或 Web UI 对文件系统进行操作和查看。

（三）数据管理

1. 数据存储格式

HDFS 支持多种数据存储格式，包括文本、二进制、序列化和反序列化等。其中，文本格式是最常用的格式之一，可通过 Hadoop 自带的命令行工具或 API 进行上传、下载和查看。另外，二进制格式和序列化格式适用于存储复杂的数据结构，如 JSON、XML 等。

2. 数据读写模式

HDFS 提供了多种数据读写模式，包括以下几种：

（1）命令行。通过 hadoop fs 命令进行文件操作，如上传、下载、删除等。

（2）API。通过 Java 或 Python 等编程语言提供的 API 进行文件操作，如创建、读取、写入等。

（3）流式 API。通过 Java 或 Python 等编程语言提供的流式 API 进行文件读写，可实现高效数据处理和分析。

（4）浏览器访问。通过 Web UI 进行文件操作，如查看文件内容、上传下载等。

3. 数据备份与恢复

为保证数据安全性，HDFS 提供了多种数据备份和恢复方式。

（1）数据冗余备份。通过配置副本系数和数据块大小实现数据冗余备份，可避免数据丢失和损坏。

（2）数据恢复。当数据损坏或丢失时，可通过备份数据恢复，具体操作包括复制备份数据块到新节点或使用备份数据进行重建等。

（3）数据归档。当数据不再被访问时，可将其归档到磁盘或磁带等长期存储介质中，以节省存储空间和提高访问效率。

（4）数据压缩与加密。

为提高数据的传输效率和安全性，HDFS 提供了多种数据压缩和加密方式。

1）数据压缩。可在数据上传时进行压缩，以提高传输效率。常用压缩算法包括 gzip、bzip2 等。

2）数据加密。可在数据传输时进行加密，以保证数据安全性。常用加密算法包括 AES、DES 等。需注意加密时要选择合适的密钥管理和分发机制，以避免出现密钥泄露、非法访问等问题。

4. 数据生命周期管理

为提高数据可维护性和降低存储成本，HDFS 提供了多种数据生命周期管理方式。

（1）数据归档。当数据不再被访问时，可将其归档到磁盘或磁带等长期存储介质中，以节省存储空间和提高访问效率。归档时可采用分层存储策略，将热点数据存储在高速存储设备上，将冷数据存储在低速存储设备上。

（2）数据清理。当数据过期或不再需要时，可进行清理操作，以释放相应的存储空间。清理时需遵循相应策略和规则，避免出现误删重要数据或导致数据丢失问题。

（3）数据迁移。当存储设备出现故障或需要升级时，可将数据迁移到新的设备或节点上，以保证数据的可用性和可靠性。迁移时需考虑数据的完整性和一致性，避免出现数据丢失或损坏问题。

（四）安全性

1. 用户认证与授权

HDFS 提供了多种用户认证和授权方式，以保证数据的安全性和可靠性。

（1）用户名密码认证。用户通过输入正确的用户名和密码进行身份认证。可通过配置文件或命令行参数指定用户名和密码。

（2）Kerberos 认证。通过使用 Hadoop 内置认证协议 Kerberos 实现用户认证。可实现强身份认证和加密传输，以提高安全性。

（3）SSL 认证。通过使用 SSL 协议实现用户认证和数据传输加密。可通过配置文件或命令行参数指定 SSL 相关证书和密钥。

（4）在授权方面，可通过配置访问控制列表（ACL）实现对用户和组的访问权限控制。可通过命令行或 Web UI 进行 ACL 的配置和管理。

2. 数据加密与安全传输

HDFS 提供了多种数据加密和安全传输方式，以提高数据的可用性和安全性。

（1）数据加密。可对数据进行加密，以避免数据在传输过程中被窃听或泄露。可使用内置加密算法或自定义加密算法进行加密。

（2）数据完整性。可通过计算数据的哈希值或使用数字签名等方式保证数据的完整性和一致性。若出现数据篡改或损坏，可及时检测和处理。

（3）数据传输安全。可通过使用 SSL 协议或通道加密等方式保证数据在传输过程中的安全性。可配置相应证书和密钥，以实现加密传输和身份认证。

3. 日志与审计

为监控和管理 HDFS 的安全性，可启用日志和审计功能。

（1）日志功能。可记录用户访问记录、操作行为等，以便进行安全审计和追踪。可通过配置文件或 API 进行日志记录和查看。

（2）审计功能。可对用户的访问请求进行审计，检查是否存在异常行为或安全漏洞。可通过配置文件或 API 对审计规则进行设置和监控。

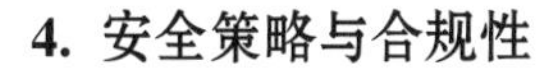

4. 安全策略与合规性

为确保 HDFS 的安全性和合规性，可制定以下安全策略和措施：

（1）最小权限原则。将用户权限限制在最小范围内，以避免出现越权访问和滥用问题。

（2）数据访问控制。通过配置 ACL 和使用角色权限实现对数据的访问控制，以确保只有经过授权的用户才能访问敏感数据。

（3）数据备份与恢复。定期备份数据，以避免出现数据丢失和损坏问题。发生故障时，可使用备份数据快速恢复。

（4）安全性审计。启用日志和审计功能，监控用户的访问行为和操作，以及时发现和处理安全漏洞及威胁。

（5）加密与安全传输。采用加密算法和安全传输协议，以确保数据的安全性和保密性。如可使用 SSL 或 TLS 协议实现数据传输加密、使用数字签名等方式保证数据的完整性和可信性。

（6）权限管理。对用户权限要严格管理，以避免出现权限滥用问题。对敏感数据的操作，需使用特权账号或通过审批流程进行授权和管理。

（7）监控与告警。对 HDFS 进行实时监控，以及时发现和处理异常行为及性能问题。同时设置相应告警机制，以及时响应和处理安全事件。

（8）政策与培训。制定相关安全政策和流程，并定期对用户进行培训和教育，以提高其安全意识和能力。

（五）监控和维护

1. 监控工具与指标

为及时了解 HDFS 的运行状况和性能表现，可选用以下监控工具和指标：

（1）NameNode 监控。包括文件系统使用率、文件系统容量、块副本数等指标。可通过 Web UI 或命令行工具进行查看和管理。

（2）DataNode 监控。包括数据块数量、磁盘空间使用率等指标。可通过 Web UI 或命令行工具进行查看和管理。

（3）ResourceManager 监控。包括集群资源使用率、任务队列状态等指标。可通过

Web UI 或命令行工具进行查看和管理。

2. 维护策略与方法

为确保 HDFS 的稳定性和可靠性，需定期进行维护工作。以下是维护策略和方法：

（1）定期清理无用的数据块。为避免数据块过多占用存储空间，可定期清理无用的数据块。可通过命令行工具或定时任务实现自动清理功能。

（2）节点维护。定期检查节点状态和性能表现，以及时发现和处理异常节点或性能问题。可进行节点重启、升级、替换等操作，以保证整个集群的稳定性和可靠性。

（3）版本升级。Hadoop 版本升级时，可进行版本升级操作，以获得更好的性能和功能提升。需注意版本兼容性和配置参数的调整，以确保升级后的系统能正常运行。

（4）数据备份与恢复。定期备份数据，以避免出现数据丢失和损坏问题。在发生故障时，可使用备份数据快速恢复。

（5）权限管理。对用户权限进行严格管理，以避免出现权限滥用问题。对敏感数据的操作，需使用特权账号或通过审批流程进行授权和管理。

（6）监控与告警。对 HDFS 进行实时监控，以及时发现和处理异常行为及性能问题。同时设置相应的告警机制，以便及时响应和处理安全事件。

（7）政策与培训。制定相关安全政策和流程，并定期对用户进行培训和教育，以增强其安全意识。

（六）总结

HDFS 作为 Hadoop 生态系统的核心组件之一，提供了高效、可靠、可扩展的数据存储和管理功能。在 HDFS 运维过程中，需关注数据管理、安全性、监控和维护等方面，以确保其性能和可靠性。同时，需根据实际业务需求和环境配置进行相应优化和调整，以实现最佳运维效果。

四、分布式列式数据库运维

HBase 是基于 Hadoop 分布式列式数据库，具有高性能、高可靠性、可扩展性和易于使用等特点。运维 HBase 时，需了解其架构、配置、数据存储和管理等方面的知识，并进行监控、备份和故障排除等工作。下面介绍 HBase 的运维内容。

（一）架构

HBase 架构主要包括以下几个部分：

（1）主节点（Master）。负责管理整个集群状态，包括 RegionServer 的启动和停止、表的创建和删除等。

（2）从节点（RegionServer）。负责管理数据分片和提供数据读写服务。每个 RegionServer 都负责管理一个或多个 Region，每个 Region 又包含一个或多个列族（Column Family）。

（3）客户端（Client）。与 RegionServer 进行通信，执行数据读写操作。

（4）Zookeeper。用于管理 RegionServer 的注册和发现，以及协调主节点选举等。

在运维 HBase 时，需根据实际业务需求和集群环境进行相应架构设计，包括节点数量、数据分片、负载均衡等。

（二）配置

HBase 配置主要涉及以下几个方面：

（1）配置文件。HBase 配置文件包括 hbase-site.xml 和 hbase-default.xml。其中，hbase-site.xml 用于配置具体的环境参数，如 Zookeeper 地址、RegionServer 数量等；hbase-default.xml 包含默认配置参数。

（2）内存管理。HBase 内存管理包括 RegionServer 的内存使用和客户端内存使用。可通过配置参数进行内存限制和优化，以避免出现内存溢出和性能问题。

（3）数据存储。HBase 数据存储包括数据文件和日志文件。可通过配置参数对数据文件存储路径和日志文件滚动策略等进行设置，以保证数据的可靠性和性能。

（4）数据压缩。HBase 支持多种数据压缩算法，如 LZO、Gzip 等。可通过配置参数进行压缩算法选择和压缩级别设置，以提高数据的存储效率和查询性能。

进行配置时，需根据实际业务需求和集群环境进行相应调整，以保证 HBase 的可靠性和可扩展性。

（三）数据存储和管理

HBase 的数据存储和管理主要包括以下几个方面：

（1）数据模型。HBase 采用基于列族数据模型，每个列族可包含多个列。运维

HBase 时，需根据实际业务需求进行列族设计和数据存储方式选择。

（2）数据分区。HBase 支持对数据进行分区存储，以提高查询性能和可扩展性。运维 HBase 时，需根据实际业务需求进行分区策略设计和分区数设置。

（3）数据备份和恢复。HBase 支持对数据进行备份和恢复，以保证数据的可靠性和完整性。运维 HBase 时，需定期进行数据备份，并设置相应备份策略和恢复方案，以应对可能出现的故障和数据丢失问题。

（4）数据压缩。HBase 支持对数据进行压缩，以提高数据的存储效率和查询性能。运维 HBase 时，需根据实际业务需求进行压缩算法选择和压缩级别设置。

（5）数据索引。HBase 支持对数据进行索引设置，以提高查询效率。在运维 HBase 时，需根据实际业务需求进行索引策略设计和索引类型的选择，以满足查询需求和提高查询效率。

（6）数据扫描。HBase 支持对数据进行扫描操作，以满足不同业务场景的需求。运维 HBase 时，需了解数据分布情况和对扫描算法的选择，以提高扫描效率和准确性。

进行数据存储和管理时，需根据实际业务需求和集群环境进行相应设计和调整，以保证数据的可靠性、可扩展性和性能。

（四）监控

监控是 HBase 运维中非常重要的一环，通过监控可及时发现和解决潜在问题，以保证 HBase 的稳定性和可靠性。以下是监控方面的建议：

（1）监控指标。监控指标包括 HBase 集群整体状态、节点状态、请求处理时间、内存使用情况等。可使用 Hadoop 自带的 JMX（Java management extensions）进行监控，或使用第三方工具（如 Grafana 等）。

（2）报警机制。设置报警机制可帮助运维人员及时发现并处理问题。可使用 Hadoop 自带的 Alert 机制，或使用第三方工具（如 Zabbix、Nagios 等）。

（3）日志监控。对 HBase 日志进行监控可帮助运维人员了解集群运行情况并排查问题。可使用 Hadoop 自带的 Log Viewer，或使用第三方工具［如 ELK（Elasticsearch Logstash Kibana）等］进行日志分析和监控。

（4）性能监控。性能监控包括对 HBase 集群的读写性能、请求处理时间、数

据存储和传输等方面的监控。可使用 Hadoop 自带的 JMX 或第三方工具［如 PMMC（Percona Monitoring and Management）等］进行性能监控和分析。

进行监控时，需选择合适的监控工具和指标，并设置报警机制和日志监控，以及进行性能监控和分析，以保证 HBase 集群的稳定性和可靠性。

（五）备份和恢复

备份和恢复是保证 HBase 数据可靠性和完整性的重要手段。以下是一些备份和恢复方面的建议：

（1）备份策略。制定合理的备份策略，包括备份频率、备份周期、备份存储位置等。可使用 Hadoop 自带的 Backup 功能或第三方工具（如 rsync 等）进行备份。

（2）数据复制。使用数据复制功能可将 HBase 集群中的数据复制到另一个集群中，以实现数据备份和恢复目的。可使用 Hadoop 自带的 Data Replication 功能或第三方工具（如 Apache NiFi 等）进行数据复制。

（3）数据恢复。进行数据恢复时，需先确定数据备份的版本和时间，再进行数据恢复操作。可使用 Hadoop 自带的 Restore 功能或第三方工具（如 rsync 等）进行数据恢复。

（4）数据归档。使用数据归档功能可将过期数据进行归档存储，以节省存储空间和提高查询效率。可使用 Hadoop 自带的 Archive 功能或第三方工具（如 Apache NiFi 等）进行数据归档。

进行备份和恢复时，需选择合适的备份和恢复工具，并设置合理的备份策略和恢复方案，以保证数据的可靠性、完整性和可用性。

（六）故障排除

故障排除是 HBase 运维中非常重要的一环，当出现故障时，需及时进行故障排除操作，以尽快恢复集群的正常运行。以下是一些故障排除方面的建议：

（1）诊断日志。查看诊断日志可帮助运维人员快速定位和解决故障。可使用 Hadoop 自带的 Log Viewer 或第三方工具（如 ELK 等）进行日志分析和诊断。

（2）排查故障步骤。排查故障时，可按照查看日志、确认故障类型和位置、尝试重启服务或节点、检查硬件和网络配置等步骤进行操作。

（3）常见故障及解决方法。对一些常见故障和问题，可参考 Hadoop 官方文档或相关经验进行解决，如节点无法启动、数据丢失或损坏、网络故障等。

（4）定期进行系统维护。定期进行系统维护有助于预防故障发生，包括对硬件和软件的检查及维护、版本升级和漏洞修复、备份和恢复测试等。

进行故障排除时，需了解 HBase 架构和工作原理，并选择合适的排查工具和方法，以及定期进行系统维护和漏洞修复等操作，以保证 HBase 集群的稳定性和可靠性。

总之，HBase 作为分布式列式数据库，在运维过程中需考虑多个方面，包括架构设计、配置管理、数据存储和管理、监控和备份恢复等。为确保 HBase 集群的稳定性和可靠性，需了解其工作原理和特点，并选择合适的工具和技术进行优化及调整。同时，需重视监控和故障排除工作，并及时发现和处理问题，以避免出现潜在风险和损失。

五、分布数据仓库运维

Hive 是一种基于 Hadoop 的数据仓库工具，其提供了统一接口和查询语言，让用户可通过 Hive 访问和处理海量结构化数据。

（一）架构

Hive 架构主要包括以下几个部分：

（1）服务器。Hive 提供服务器组件用于处理 Hive 客户端请求。服务器通常运行在 Hadoop 集群节点上，可通过配置参数调整其性能和可靠性。

（2）数据库。Hive 支持多个数据库，每个数据库包含多个表。这些表可以是结构化或非结构化，用于存储和管理不同类型的数据。

（3）表。在 Hive 中，表可视为一个有序集合，其中每个元素都有一个唯一标识符和一个指定数据类型。表可包含一个或多个分区，每个分区是一组具有相同特征的数据。

（4）分区。分区是表的子集，其由一组具有相同特征的数据组成。分区可提高查询性能，并减少数据加载及处理负载。

运维 Hive 数据仓库时，需根据实际业务需求和环境配置进行相应架构设计，包括服务器数量、数据库和表的创建和管理、分区策略等。

（二）配置

Hive 配置主要涉及以下几个方面：

（1）配置文件。Hive 配置文件包括 hive-site.xml 和 hive-default.xml。其中，hive-site.xml 用于配置具体的环境参数，如 Hive 服务器地址、数据库连接信息等；hive-default.xml 包含默认配置参数。

（2）内存管理。Hive 内存管理包括 Hive 服务器的内存使用和客户端内存使用。可通过配置参数进行内存限制和优化，以避免出现内存溢出和性能问题。

（3）数据存储。Hive 数据存储包括数据文件和索引文件。可通过配置参数对数据文件存储路径和索引文件存储方式等进行设置，以提高数据的可靠性和查询性能。

（4）数据压缩。Hive 支持多种数据压缩算法，如 Snappy、Gzip 等。可通过配置参数进行压缩算法选择和压缩级别设置，以提高数据的存储效率和查询性能。

（5）分区管理。Hive 支持对表进行分区管理，以提高查询性能和可扩展性。可通过配置参数对分区策略进行设置和管理，以满足不同业务需求。

进行配置时，需根据实际业务需求和环境配置进行相应调整，以保证 Hive 数据仓库的性能、可靠性和可扩展性。

（三）数据存储和管理

Hive 数据存储和管理主要包括以下几个方面：

（1）数据模型。Hive 采用基于表的数据模型，每个表可包含多个分区和多个数据文件。运维 Hive 数据仓库时，需根据实际业务需求对表进行创建和分区设计，以满足数据组织和管理需求。

（2）数据加载。Hive 支持利用 INSERT 语句将数据加载到表中。运维 Hive 数据仓库时，需了解数据来源和格式，并进行相应数据清洗和转换，以确保数据的正确性和完整性。

（3）数据备份和恢复。Hive 支持对数据进行备份和恢复，以保证数据的可靠性和完整性。运维 Hive 数据仓库时，需定期进行数据备份，并设置相应备份策略和恢复方案，以应对可能出现的故障和数据丢失问题。

（4）数据索引。Hive 支持对表进行索引设置，以提高查询效率。运维 Hive 数据仓库时，需根据实际业务需求进行索引策略设计和索引类型选择，以满足查询需求及提高查询效率。

（5）数据查询。Hive 支持使用 HQL（Hive Query Language）进行数据查询操作。运维 Hive 数据仓库时，需了解 HQL 语法和使用方法，并进行相应查询优化，以提高查询性能和效率。

（6）数据统计和分析。Hive 支持对数据进行统计和分析操作，以满足不同业务需求。运维 Hive 数据仓库时，需进行相应统计和分析工作，并提供合适的数据可视化工具和方法，以帮助用户更好地理解和利用数据价值。

（7）数据安全和权限管理。Hive 支持进行数据安全和权限管理操作，以确保数据的保密性和安全性。运维 Hive 数据仓库时，需设置合适的安全策略和权限管理机制，并定期进行安全审计和漏洞扫描等工作，以应对可能出现的风险和威胁。

进行数据存储和管理时，需根据实际业务需求和环境配置进行相应的设计、调整和管理，以保证数据的可靠性、可扩展性和性能。同时，需重视数据备份、恢复、安全性和权限管理等方面的工作，以确保数据的完整性和安全性。

（四）监控

监控是 Hive 运维中非常重要的一环，通过监控可及时发现并解决潜在问题，以保证 Hive 数据仓库的稳定性和可靠性。以下是监控方面的建议：

（1）监控指标。监控指标包括 Hive 服务器状态、请求处理时间、内存使用情况等。可使用 Hadoop 自带的 JMX（Java Management Extensions）进行监控，或使用第三方工具（如 Zabbix 等）进行监控和报警。

（2）报警机制。设置报警机制可帮助运维人员及时发现并处理问题。可使用 Hadoop 自带的 Alert 机制，或使用第三方工具（如 Zabbix、Nagios 等）进行报警设置和管理。

（3）日志监控。对 Hive 日志进行监控可帮助运维人员了解服务器和客户端运行情况，并及时排查问题。可使用 Hadoop 自带的日志查看器或使用第三方工具［如 ELK

（Elasticsearch Logstash Kibana）等］进行日志分析和监控。

（4）性能监控。性能监控包括对 Hive 数据仓库读写性能、查询效率、数据处理速度等方面的监控。可使用 Hadoop 自带的 JMX 或第三方工具［如 PMM（Percona Monitoring and Management）等］进行性能监控和分析。

（5）资源监控。对 Hive 运行所需资源进行监控，包括 CPU、内存、网络等资源的使用情况。可使用 Hadoop 自带的资源监控工具或第三方工具（如 Grafana 等）进行资源监控和报警。

进行监控时，需选择合适的监控工具和指标，并设置报警机制和日志监控，以及进行性能监控和资源监控，以保证 Hive 数据仓库的稳定性和可靠性。

（五）备份和恢复

备份和恢复是保证 Hive 数据可靠性和完整性的重要手段。以下是备份和恢复方面的建议：

（1）备份策略。制定合理备份策略，包括备份频率、备份周期、备份存储位置等。可使用 Hadoop 自带的 Backup 功能或第三方工具（如 rsync 等）进行备份。

（2）数据复制。使用数据复制功能可将 Hive 数据仓库中的数据复制到另一个仓库中，以实现数据备份和恢复目的。可使用 Hadoop 自带的 Data Replication 功能或第三方工具（如 Apache NiFi 等）进行数据复制。

（3）数据恢复。进行数据恢复时，需先确定数据备份的版本和时间，再进行数据恢复操作。可使用 Hadoop 自带的 Restore 功能或第三方工具（如 rsync 等）进行数据恢复。

（4）数据归档。使用数据归档功能可将过期数据进行归档存储，以节省存储空间和提高查询效率。可使用 Hadoop 自带的 Archive 功能或第三方工具（如 Apache NiFi 等）进行数据归档。

（5）元数据备份。对 Hive 的元数据进行备份可帮助恢复表结构和分区信息等数据。可使用 Hadoop 自带的元数据备份功能或第三方工具（如 Cloudera Manager 等）进行元数据备份和恢复。

进行备份和恢复时，需选择合适的备份和恢复工具，并设置合理的备份策略和恢复方案，以保证数据的可靠性、完整性和可用性。

（六）故障排除

故障排除是 Hive 运维中非常重要的一环，当出现故障时，需及时进行故障排除操作，以尽快恢复 Hive 数据仓库的正常运行。以下是故障排除方面的建议：

（1）诊断日志。查看诊断日志可帮助运维人员快速定位和解决故障。可使用 Hadoop 自带的 Log Viewer 或第三方工具（如 ELK 等）进行日志分析和诊断。

（2）排查故障步骤。排查故障时，可按照以下步骤进行操作：查看日志、确认故障类型和位置、尝试重启服务或节点、检查硬件和网络配置等。

（3）常见故障及解决方法。对一些常见故障和问题，可参考 Hadoop 官方文档或相关经验进行解决。如节点无法启动、数据丢失或损坏、网络故障等。

（4）定期进行系统维护。定期进行系统维护有助于预防故障发生，包括对硬件和软件的检查和维护、版本升级和漏洞修复、备份和恢复测试等。

（5）用户支持和咨询。对用户提出的疑问和问题，需及时进行解答和支持。可通过在线支持平台、邮件列表、论坛等方式进行用户支持和咨询工作。

进行故障排除时，需了解 Hive 工作原理和特点，并选择合适的排查工具和方法，以及定期进行系统维护和漏洞修复等操作，以保证 Hive 数据仓库的稳定性和可靠性。

总之，Hive 作为基于 Hadoop 的数据仓库工具，在运维过程中需考虑多个方面，包括架构设计、配置管理、数据存储和管理、监控、备份和恢复等。运维 Hive 时，需了解其工作原理和特点，并选择合适的工具和技术进行优化和调整。同时，需重视监控和故障排除工作，并及时发现和处理问题，以避免出现潜在风险和损失。通过合理的架构设计、配置管理、数据存储和管理、监控和备份恢复及故障排除等工作，可确保 Hive 数据仓库的稳定性和可靠性，从而为业务提供高效、可靠、可扩展的数据存储和管理服务。

思考题

1. Hadoop 集群状态的监控指标有哪些？

2. Hadoop 动态扩缩容方式有哪些？分别是怎么实现的？

3. HDFS 中的块和普通文件系统块的区别有哪些？

4. NameNode、DataNode、ResourceManager 如何对 HDFS 的运行状况和性能表现进行监控？

第三章 大数据应用开发

与传统应用服务开发相似，大数据应用服务开发涉及系统组件接口开发和业务库表结构设计及开发。此外，多数大数据应用服务还涉及计算服务开发，需根据产品业务需求，开发相应数据或计算接口。

本章从大数据系统组件接口、大数据业务库表结构和大数据计算服务等方面，对大数据应用服务开发进行介绍。

- **职业功能：** 大数据应用开发。
- **工作内容：** 应用服务开发；系统测试。
- **专业能力要求：** 能根据系统使用的组件接口，开发相应数据访问层业务代码；能根据大数据存储系统结构，设计对接业务库表结构；能根据产品业务需求，开发相应数据或计算接口；能根据流程图梳理代码逻辑，优化接口及功能模块；能根据测试用例，对系统进行接口、功能、压力等黑盒测试并输出缺陷、测试报告；能根据测试用例，对代码进行逻辑、分支等白盒测试并输出缺陷、测试报告；能根据相应测试需求，开发自动化测试脚本。
- **相关知识要求：** 大数据组件应用程序接口知识；模型层接口开发知识；服务层接口开发知识；测试技术知识；测试用例设计知识；测试脚本开发知识。

一、大数据系统组件接口概述

（一）MapReduce 分布式计算框架接口概述

MapReduce 常用接口主要包含在 Job 类、JobConf 类、Mapper 类、Reducer 类、Writable 类中，下面对这几类中的接口进行简要介绍。

1. Job 类接口概述

Java 抽象类 org.apache.hadoop.mapreduce.Job 定义了 MapReduce 中用户提交 MapReduce 作业的接口，用于设置作业参数、提交作业、控制作业执行及查询作业状态。类 org.apache.hadoop.mapreduce.Job 的常用接口说明见表 3–1。

表 3–1　　类 org.apache.hadoop.mapreduce.Job 的常用接口说明

方　法	说　明
Job（Configuration conf，String jobName），Job（Configuration conf）	新建 MapReduce 客户端，用于配置作业属性，提交作业
setMapperClass（Class<extends Mapper> cls）	核心接口，指定 MapReduce 作业的 Mapper 类
setReducerClass（Class<extends Reducer> cls）	核心接口，指定 MapReduce 作业的 Reducer 类
setCombinerClass（Class<extends Reducer> cls）	核心接口，指定 MapReduce 作业的 Combiner 类
setInputFormatClass（Class<extends InputFormat> cls）	指定 MapReduce 作业的 InputFormat 类，默认为 TextInputFormat
setJarByClass（Class< > cls）	核心接口，指定执行类所在 jar 包的本地位置
setJar（String jar）	指定执行类所在 jar 包的本地位置
setOutputFormatClass（Class<extends OutputFormat> theClass）	核心接口，指定 MapReduce 作业的 OutputFormat 类，默认为 TextOutputFormat
setOutputKeyClass（Class< > theClass）	核心接口，指定 MapReduce 作业输出 key 的类型
setOutputValueClass（Class< > theClass）	核心接口，指定 MapReduce 作业输出 value 的类型
setPartitionerClass（Class<extends Partitioner> theClass）	指定 MapReduce 作业的 Partitioner 类
setSortComparatorClass(Class<extends RawComparator> cls）	指定 MapReduce 作业 map 任务输出结果的压缩类，默认不使用压缩

2. JobConf 类接口概述

Java 抽象类 org.apache.hadoop.mapred.JobConf 定义了 MapReduce 作业的配置类，是用户向 Hadoop 提交作业的主要配置接口，类 org.apache.hadoop.mapred.JobConf 的常用接口说明见表 3–2。

表 3–2　类 org.apache.hadoop.mapred.JobConf 的常用接口说明

方　法	说　明
setNumMapTasks（int n）	核心接口，指定 MapReduce 作业的 map 个数
setNumReduceTasks（int n）	核心接口，指定 MapReduce 作业的 reduce 个数
setQueueName（String queueName）	指定 MapReduce 作业的提交队列，默认使用 default 队列

3. Mapper 类接口概述

Java 抽象类 org.apache.hadoop.mapreduce.Mapper 定义了 Map 阶段的逻辑，负责将输入数据切分成若干个独立数据块，并对每个数据块进行处理和转换。类 org.apache.hadoop.mapreduce.Mapper 的常用方法说明见表 3–3。

表 3–3　类 org.apache.hadoop.mapreduce.Mapper 的常用方法说明

方　法	说　明
map( )	Map 阶段的主要逻辑实现，其接收输入键值对（key–value pair）并进行处理和转换，然后将结果输出到 Context 对象中
setup( )	在 Mapper 实例初始化时调用，用于进行一些初始化操作，如加载配置文件或建立数据库连接等。该方法在整个 Mapper 实例生命周期内只会调用一次
cleanup( )	在 Mapper 实例销毁前调用，用于进行一些清理操作，如关闭数据库连接或释放资源等。该方法在整个 Mapper 实例生命周期内只会调用一次

4. Reducer 类接口概述

Java 抽象类 org.apache.hadoop.mapreduce.Reducer 定义了 Reduce 阶段的逻辑，负责将 Map 阶段输出的中间结果进行合并和处理。类 org.apache.hadoop.mapreduce.Reducer 的常用方法说明见表 3–4。

表 3-4　　类 org.apache.hadoop.mapreduce.Reducer 的常用方法说明

方　法	说　明
reduce( )	Reduce 阶段的主要逻辑实现，其接收输入键值对（key-value pair）的集合，并对相同键的值进行合并和处理，然后将结果输出到 Context 对象中
setup( )	在 Reducer 实例初始化时调用，用于进行一些初始化操作，如加载配置文件或建立数据库连接等。该方法在整个 Reducer 实例的生命周期内只会调用一次
cleanup( )	在 Reducer 实例销毁前调用，用于进行一些清理操作，如关闭数据库连接或释放资源等。该方法在整个 Reducer 实例的生命周期内只会调用一次

5. Writable 类接口概述

Java 抽象类 Writable 定义了一种可写入和可读取的数据类型，并提供了序列化和反序列化方法，以便在 Hadoop 分布式环境中进行数据传输和存储。类 Writable 的常用方法说明见表 3-5。

表 3-5　　类 Writable 的常用方法说明

方　法	说　明
write( )	将对象数据写入给定的 DataOutput 对象中。该方法负责将对象序列化为字节流，以便在网络传输或磁盘存储中使用
readFields( )	从给定的 DataInput 对象中读取数据，并将其反序列化为对象的状态。该方法负责将字节流反序列化为对象，可在进行数据传输或存储过程中使用

（二）HDFS 分布式存储系统接口概述

HDFS 常用 Java 类包含 FileSystem、FileStatus、DFSColocationAdmin 和 DFSColocationClient。其中，FileSystem 是客户端应用核心类，FileStatus 记录文件和目录状态信息，DFSColocationAdmin 是管理 colocation 组信息的接口，DFSColocationClien 是操作 colocation 文件的接口。HDFS 不同角色间的通信方式有 3 种：RPC、HTTP、socket。下面简要介绍 FileSystem 类接口和 FileStatus 类接口。

1. FileSystem 接口概述

Hadoop 中关于文件操作类基本在“org.apache.hadoop.fs”包中，这些 API 支持打开文件、读写文件、删除文件、创建文件或文件夹、判断是文件或文件夹，判断文件或文件夹是否存在等操作。

Hadoop 类库中最终面向用户提供的接口类是 FileSystem，该类是抽象类，只能通过类的 get 方法得到实例。FileSystem 针对 HDFS 相关操作接口说明见表 3–6。

表 3–6　　FileSystem 针对 HDFS 相关操作接口说明

方　法	说　明
create（Path）	创建一个文件
copyFromLocalFile（Path，Path）	复制本地文件到 HDFS
moveFromLocalFile（Path，Path）	移动本地文件到 HDFS，同时删除本地文件
delete（Path，boolean）	递归删除某个文件夹或某个文件
isDirectory（Path）	查看某个路径是目录还是文件
exist（Path）	查看某个路径是否存在
listStatus（Path）	列出某个路径下所有文件及文件夹
mkdirs（Path）	创建目录
open（Path）	打开某个文件

2. FileStatus 接口概述

文件系统的一个重要特性是提供其目录结构浏览，以及检索其所存文件和目录相关信息的功能。FileStatus 对象封装了文件系统中文件和目录的元数据，包括文件长度、块大小、备份数、修改时间、所有者及权限等信息。FileStatus 对象由 FileSystem 的 getFileStatus（）方法获得，调用该方法时要把文件的 Path 传进去。类 FileStatus 常用函数说明和常用接口说明见表 3–7 和表 3–8。

表 3–7　　类 FileStatus 常用函数说明

函　数	说　明
public int compareTo（Object o）	比较两个对象是否指向相同路径
public long getAccessTime( )	得到访问时间
public long getBlockSize( )	得到块大小
public String getGroup( )	得到组名
public long getLen( )	得到文件大小（字节）
public long getModificationTime( )	得到修改时间
public String getOwner( )	获取所有者信息
public Path getPath( )	获取 Path 路径
public FsPermission getPermission()	获取权限信息

续表

函　数	说　明
public short getReplication()	获取块副本数
public path getsymlink()	获取符号链接的 Path 路径
public boolean isSymlink()	是否为符号链接
public void readFields（DataInput in）	序列化读取字段
public void setPath（final Path p）	设置 Path 路径
public void setSymlink（final Path p）	设置符号链接
public void write（DataOutput out）	序列化写入字段

表 3-8　　类 FileStatus 常用接口说明

接　口	说　明
public long getModificationTime()	通过该接口可查看指定 HDFS 文件的修改时间
public Path getPath()	通过该接口可查看指定 HDFS 中某个目录下所有文件

（三）Hive 数据仓库接口概述

1. HCatalog 接口概述

HCatalog 是建立在 Hive 元数据上的表信息管理层，其吸收了 Hive 的 DDL 命令，可为 MapReduce 提供读写接口及提供 Hive 命令行接口进行数据定义和元数据查询。基于 Hive 的 HCatalog 功能，Hive、MapReduce 开发人员能共享元数据信息，以避免中间转换和调整，从而提升数据处理效率。

HCatalog 提供了并行输入和输出数据的传输 API，分别是 HCatInputFormat、HCatOutputFormat 和 HCatRecord。其中，HCatInputFormat 用于从 MapReduce job 中 HCatalog-managed 的表中读取数据；HCatOutputFormat 作为 MapReduce Job 中写入数据到 HCatalog-managed 的表；HCatRecord 是 HCatalog 表中存储值支持的一种类型，而 HCatalog 表模式中的类型确定为 HCatRecord 不同字段对象的返回类型。

2. IMetaStoreClient 接口概述

IMetaStoreClient 接口描述了基于 Thrift 操作的 API，其带有 Java 绑定。该 API 将 metastore 存储层从其他 Hive 内部解耦。因为 Hive 本身在内部使用该特性，所以需实现全面特性集，以让其对可能发现其他 API 缺乏的开发人员具有吸引力。其最初并不想成为公共 API，尽管其在 1.0.0 版本（HIVE-3280）中成为公共 API，且有人建议对其进行更全面的文档化（HIVE-9363），只是目前并不推荐在 Hive 项目外使用它。类 IMetaStoreClient 常用接口说明见表 3-9。

表 3-9　　类 IMetaStoreClient 常用接口说明

接　口	说　明
boolean isCompatibleWith（HiveConf conf）	返回当前客户端是否与 conf 参数兼容
boolean isLocalMetaStore()	若当前客户端正在使用进程中的元存储（本地元存储），则返回 true
void setMetaConf（String key，String value）	设置对最终用户开放的元变量
String getMetaConf（String key）	获取当前元变量
List<String> getDatabases（String databasePattern）	获取 MetaStore 中与给定模式匹配的所有数据库的名称

（四）Spark 分布式计算组件接口概述

1. SparkContext 对外接口

SparkContext 是 Spark 的对外接口，负责向调用该类的 Java 应用提供 Spark 的各种功能，如连接 Spark 集群、创建 RDD、累积量和广播量等，其作用相当于一个容器。

2. SparkConf 应用配置接口

SparkConf 是 Spark 应用配置类，如设置应用名称、执行模式、executor 内存等。

3. JavaRDD 数据集接口

JavaRDD 用于在 Java 应用中定义 JavaRDD 的类，功能类似 Scala 中的 RDD（Resilient Distributed Dataset）类。

4. RDD

RDD 即弹性分布式数据集，是分布式内存的一种抽象概念，其提供了一种高度受限的共享内容模型，且提供了一组丰富操作以支持常见数据运算，可分为“动作”（Action）和“转换”（Transformation）两种类型。其提供的转换接口非常简单，类似 map、filter、groupBy、join 等粗粒度的数据转换操作。

5. Transformation 函数

Transformation 用于对 RDD 的创建，即通过在 RDD 中执行数据操作产生一个或

多个新的RDD。Transformations函数包括map、filter、join、reduceByKey、cogroup、randomSplit等。

6. Action 函数

Action是数据执行部分，可通过执行count、reduce、collect等方法真正执行数据的计算部分。

二、大数据业务库表结构设计及开发

（一）Hive 库表设计和开发

1. Hive 库表设计

Hive是一种底层封装了Hadoop的数据仓库处理工具，使用类SQL的HiveSQL语言可实现数据查询，所有Hive数据都存储在Hadoop兼容文件系统（如Amazon S3、HDFS）中。Hive在加载数据过程中不会对数据做任何修改，只将数据移动到HDFS中Hive设定的目录下，因此，Hive不支持对数据的改写和添加，所有数据都是在加载时确定。Hive的设计特点如下：

（1）支持创建索引，优化数据查询。

（2）不同的存储类型，如纯文本文件、HBase中的文件。

（3）将元数据保存在关系数据库中，大大减少了查询过程中语义的检查时间。

（4）可直接使用存储在Hadoop文件系统中的数据。

（5）内置大量用户函数UDF操作时间、字符串和其他数据挖掘工具，支持用户扩展UDF函数完成内置函数无法实现的操作。

（6）类SQL的查询方式，将SQL查询转换为MapReduce的job并在Hadoop集群上执行。

2. Hive 库表开发

Hive应用开发可对Hadoop集群存储的海量数据进行查询和分析。在Hive开发实战中，应首先对应用场景项目进行需求分析，对项目整体实现目标和项目原始数据类型及结构进行了解，以便后续在Hive中进行库表创建。然后将数据加载到Hive数据库表，可使用HiveQL语言操作结构化数据进行分析并测试最终结果。下面通过具体例子介绍 Hive 应用开发的整体流程。

（1）场景说明

1）场景分析

观看短视频已逐渐成为人们日常使用手机的主流操作之一。随着某短视频网站浏览量的逐步增加，可对该短视频网站的常规指标进行分析，以找到大众观看短视频的喜爱偏好。

2）项目需求和目标

统计短视频网站的常规指标，并对各种 TopN 指标进行分析，如统计视频类别热度 Top10、统计每个类别中视频流量 Top10 等。

3）项目数据类型

查看项目给定的原始数据形式，并对项目数据的表结构和类型有大致了解，以便后续在 Hive 中创建数据库和数据表。

（2）启动 Hive

1）启动 HiveServer2

目前 Hive 的 Thrift 服务端通常使用 HiveServer2，其是 HiveServer 改进版本，提供了新的 ThriftAPI 处理 JDBC 或 ODBC 客户端，可进行 Kerberos 身份验证，支持多个客户端并发。

2）启动 BeeLine

HiveServer2 还提供了新的 CLI：BeeLine，其是 Hive 0.11 引入的新交互式 CLI，基于 SQLLine，可作为 Hive JDBC Client 端访问 HiveServer2。

3）通过 BeeLine 连接 Hive

Hive 安装目录 /bin/beeline–u jdbc：hive2：//hiveServer2 所在 ip：端口号 –n 用户名。

例如：beeline–u jdbc：hive2：//192.168.128.130：10000 –n root

（3）数据准备

1）创建表

创建表主要有以下 3 种方式：

①自定义表结构，以关键字 EXTERNAL 区分创建内部表或外部表。

内部表：若对数据处理都由 Hive 完成，应使用内部表。删除内部表时，元数据和数据应一起被删除。

外部表：若数据要被多种工具（如 Pig 等）共同处理，应使用外部表，从而避免对该数据的误操作。删除外部表时，只删除元数据。

②根据已有表创建新表，使用 CREATE LIKE 句式，完全复制原有表结构，包括表的存储格式。

③根据查询结果创建新表，使用 CREATE AS SELECT 句式。该方式较灵活，可在复制原表表结构的同时指定要复制哪些字段，但不包括表的存储格式。

2）数据加载

通过 HiveQL 语句把数据导入 Hive 中进行处理，并将数据加载到上一步所建的表中。

3）数据查询

通过 HiveQL 语句对数据进行查询和分析。

4）用户自定义函数

当 Hive 内置函数不能满足需要时，可通过编写用户自定义函数 UDF（user-defined functions）插入自己的处理代码并在查询中使用它们。

按实现方式，UDF 有如下分类：

①普通 UDF 用于操作单个数据行，且产生一个数据行作为输出。

②用户定义聚集函数 UDAF（user-defined aggregating functions），用于接受多个输入数据行，并产生一个输出数据行。

③用户定义表生成函数 UDTF（user-defined table-generating functions），用于操作单个输入行，并产生多个输出行。

按使用方法，UDF 有如下分类：

①临时函数：只能在当前会话使用，重启会话后需重新创建。

②永久函数：可在多个会话中使用，无须每次创建。

5）调测程序

开发好的程序可在 JDBC 客户端以命令行形式运行测试并进行结果查询。

（二）HBase 库表设计和开发

1. HBase 库表设计

HBase 中的每张表都是 BigTable，BigTable 会存储一系列行记录，行记录有 3 个基本类型定义：Row Key、Time Stamp、Column。

（1）Row Key 是行在 BigTable 中的唯一标识。

（2）Time Stamp 是每次数据操作对应关联的时间戳，可看做 SVN 的版本。

（3）Column 定义为 <family>：<label>，通过这两部分可指定唯一数据存储列，family 的定义和修改需对 HBase 进行类似 DB 的 DDL 操作，而 label 不需要定义可直接使用，这也为动态定制列提供了一种手段。family 另一作用体现在物理存储优化读写操作上，并同 family 的数据物理保存邻近，因此在业务设计过程中可利用这个特性。

HBase 的数据模型和关系型数据库不同，设计 HBase 表需回答如下问题：

（1）行键的结构是什么？包含哪些内容？

（2）表有多少个列族？

（3）列族中要放哪些数据？

（4）每个列族有多少个列？

（5）列名是什么？尽管列名在创建表时无须指定，但读写数据时会用到它们。

（6）单元数据需包含哪些信息？

（7）每个单元数据需存储的版本数量是多少？

定义 HBase 表最重要的就是行键结构，因此，为有效定义，首先须定义访问模式。另外，为定义表的结构，HBase 的一些特定属性也需考虑在内，具体内容如下：

（1）索引仅依赖 Key。

（2）表数据根据行键排序，表中的每个区域都代表部分行键空间，且该区域通过开始和结束行键指定。

（3）HBase 表中的数据都是字节数组，没有类型之分。

（4）原子性仅保证在行级。跨行操作不保证原子性，即不存在多行事务。

（5）列族必须在表创建时就定义。

（6）列标识是动态的，可在写入数据时定义。

2. HBase 库表开发

HBase 的设计目标是解决关系型数据库处理海量数据时出现的局限性，可针对某些特点数据使用 HBase 高效解决。例如，数据模式是动态或可变的，且支持半结构化和非结构化的数据，在 HBase 开发实战中应首先对应用场景项目进行需求分析，因 HBase 提供了不同场景下的样例程序，所以对项目有大致了解后可导入样例工程进行程序学习或新建一个 HBase 工程。然后根据场景开发工程，对项目整体实现目标和项目原始数据类型及结构进行了解，以便后续在 HBase 中进行库表创建。最后将数据加载到 HBase 数据库表中，并提取所需数据进行观察分析。下面通过具体例子介绍 HBase 应用开发的整体流程。

（1）项目场景说明

1）场景项目分析

网购已成为大众生活中一项不可缺少的活动，因此，某购物网站为提高用户浏览量，实现了实时个性化推荐服务，且中间推荐结果和广告相关用户建模数据需存储在 HBase 中。其中用户模型多种多样，可用于不同场景，如针对特定用户投放什么广告、用户在电商门户网站上购物时是否实时报价等。

2）数据规划

HBase 能解决关系型数据库处理海量数据时出现的局限性，因此需合理设计表结构、行键、列名，以充分利用 HBase 的优势。

3）关键设计原则

HBase 是以 RowKey 为字典排序的分布式数据库系统，RowKey 的设计对性能影响很大，因此 RowKey 设计需与业务结合。

（2）数据准备

1）创建表

HBase 通过 org.apache.hadoop.HBase.client.Admin 对象的 createTable 方法创建表，并指定表名、列族名。创建表有两种方式，建议采用预分 Region 建表方式：

①快速建表，即创建表后整张表只有一个 Region，且随着数据量增加会自动分裂

成多个 Region。

②预分 Region 建表，即创建表时预先分配多个 Region，用此法建表可提高写入大量数据初期的数据写入速度。

2）数据加载

HBase 是面向列的数据库，一行数据可能对应多个列族，而一个列族又可对应多个列。通常，写入数据时需指定要写入的列（含列族名称和列名称）。HBase 通过 HTable 的 put 方法 Put 数据，且可以是一行数据也可以是数据集。

注意事项：不允许多个线程在同一时间共用同一个 HTable 实例。HTable 是非线程安全类，因此，同一个 HTable 实例，不应被多个线程同时使用，否则会带来并发问题。

3）数据读取

①使用 Get 读取数据

要从表中读取数据，首先需实例化该表对应的 Table 实例，然后创建一个 Get 对象。也可为 Get 对象设定参数值，如列族的名称和列的名称。查询到的行数据存储在 Result 对象中，且 Result 中可存储多个 Cell。

②使用 Scan 读取数据

要从表中读取数据，首先需实例化该表对应的 Table 实例，然后创建一个 Scan 对象，并针对查询条件设置 Scan 对象的参数值，为提高查询效率，最好指定 StartRow 和 StopRow。查询到多行数据保存在 ResultScanner 对象中，且每行数据以 Result 对象形式存储，Result 中存储了多个 Cell。

③使用过滤器 Filter

HBase Filter 主要在 Scan 和 Get 过程中进行数据过滤，可通过设置过滤条件实现，如设置 RowKey、列名或列值的过滤条件。

4）调测程序

开发好的程序可在开发环境中（如 Eclipse 中）右击“TestMain.java”，再单击“Run as > Java Application”运行对应的应用程序工程。HBase 应用程序运行完成后，可直接通过运行结果查看应用程序运行情况，也可通过 HBase 日志获取应用运行情况。

（三）Presto 库表设计和开发

1. Presto 库表设计

Presto 是开源分布式 SQL 查询引擎，适用于交互式分析查询，数据量支持 GB 到 PB 字节。Presto 被设计为查询 HDFS 的工具，但不限于访问 HDFS，可扩展成对不同类型数据源进行操作，包括传统关系数据库和其他数据源，如 Cassandra。

2. Presto 库表开发

Presto 的设计和编写是为解决像 Facebook 这种规模商业数据仓库的交互式分析和处理速度问题。Presto 支持在线数据查询，包括 Hive、关系数据库（MySQL、Oracle）及专有数据存储。一条 Presto 查询可将多个数据源的数据合并，可跨越整个组织进行分析，可用来处理响应时间小于 1 秒到几分钟的场景。下面通过具体例子介绍 Presto 应用开发的整体流程。

（1）场景说明

1）场景分析

随着互联网的发展，越来越多的应用需实时查询和分析数据。在许多企业和组织中，随着数据量急剧增加和业务需求的快速变化，实时处理和分析数据变得至关重要。因此，企业需快速获取最新业务数据，并及时做出决策。

2）操作流程

①安装 Presto

需在服务器或集群上安装和配置 Presto，Presto 官方网站提供了详细的安装和配置文档，可根据所需环境和需求进行操作。

②配置数据源

在 Presto 配置文件中，需添加数据源的连接信息，可根据不同的数据源，使用相应插件和驱动程序进行连接配置。例如，若要连接 Hadoop 集群，可使用 Hive 作为数据源，并配置 Hive 的连接信息。

③编写查询语句

使用 Presto 提供的 SQL 查询语言，编写所需的查询语句。可在 Presto 的命令行界面或可视化工具中输入查询语句。比如，以下是一简单的查询语句示例：

SELECT * FROM table_name WHERE column_name =‘value’;

该查询语句从名为‘table_name’表中检索符合指定条件的数据。

④执行查询

在 Presto 的命令行界面或可视化工具中执行查询语句，Presto 将根据查询语句要求，将查询任务分成多个子任务，并在集群中多个节点上并行执行。

⑤获取结果

一旦查询任务完成，Presto 将返回查询结果。可将结果导出到文件或在命令行界面直接查看。根据需要，可通过查询语句进行数据转换、连接和聚合操作，以获取所需数据视图。需注意具体的代码实现可能会因环境和需求的不同有所差异。上述流程仅提供了基本框架，实际使用时需根据具体情况进行相应配置和编码。

（2）数据准备

1）创建表

创建包含指定列的新空表，并使用 CREATE TABLE 创建包含数据的表。

2）数据查询

步骤 1：Presto 客户端执行查询 SQL 语句，并发送给 Presto Coordinator。

步骤 2：Presto Coordinator 将 SQL 解析成任务，并将任务发送给多个 Presto Worker 执行。

步骤 3：Presto Worker 执行发来的任务，通过元数据信息，找到 HDFS 数据位置，执行查询，并将结果返回给 Presto Coordinator。

步骤 4：Presto Coordinator 将结果返回给 Client 客户端。

（四）Phoenix 库表设计和开发

1. Phoenix 库表设计

Phoenix 是一个基于 Apache HBase 的开源分布式关系数据库，有对 HBase 数据的 SQL 查询和处理能力，包括 SQL 查询、事务、二级索引、连接和聚合等。其采用基于列的存储方式和压缩技术，能高效处理大规模数据。Phoenix 使用 Java 编写，通过将 SQL 查询编译为 HBase 原生 API 调用来执行查询。其提供了 SQL 接口，支持标准 SQL 语法，将 SQL 查询转换为一个或多个 HBase 扫描，并编排执行，以生成标准的 JDBC

结果集。默认情况下，直接在 HBase 中创建的表，通过 Phoenix 查看不到。若要在 Phoenix 中操作由 HBase 创建的表，需在 Phoenix 中进行表的映射。同时，Phoenix 的二级索引弥补了 HBase 没有索引的缺陷，Phoenix 的加盐对 pk 对应的 byte 数组可插入特定 byte 数据，以增加安全性。

2. Phoenix 库表开发

Phoenix 目标是为 Hadoop 生态系统提供高性能、低延迟的 SQL 查询引擎。Phoenix 开发实战应先对应用场景项目进行需求分析，对项目整体实现目标和项目原始数据类型及结构进行了解，以便后续在 Phoenix 中进行库表创建，然后将数据加载到 Phoenix 数据库表中，可使用 SQL 语言进行查询分析并测试最终结果。下面通过具体例子介绍 Phoenix 应用开发的整体流程。

（1）场景说明

1）场景分析

在金融行业，大量交易数据需进行实时分析和查询。Phoenix 可与实时流处理框架（如 Apache Kafka）结合使用，将交易数据写入 HBase，并通过 Phoenix 进行实时分析和查询，以满足交易监控、实时风险管理和实时报表生成等需求。

2）项目需求和目标

提供快速、实时交易数据存储和查询，如股票交易、外汇交易、债券交易等；生成各种实时和动态报表，如交易统计报表、持仓报表、资金流水报表等。

3）项目数据类型

查看项目中给定原始数据形式，对项目数据表结构和类型有大致了解，以便后续在 Phoenix 中创建数据表。

（2）启动 Phoenix

1）启动 SQuirrel

使用客户端 SQuirrel 启动 Phoenix，SQuirrel 支持对多个连接进行管理和切换，并为用户提供友好可视化界面，以使与 Phoenix 交互更加直观和易于使用。

2）启动 JDBC API

使用 Maven 构建工程，配置 pom.xml；创建 Java 文件并执行代码，包括加载驱动、获取连接对象、获取预编译执行对象、发送 SQL 语句、处理结果集。

3）通过 sqlline 命令行工具连接 Phoenix

sqlline.py [zkServer：port]

zkServer 是指 Zookeeper 服务端的主机名或 ip 地址，port 是指 Zookeeper 服务端的端口号。

例如，qlline.py 192.168.128.130：2181

（3）数据准备

1）创建表

创建表主要有以下 3 种方式：

①使用 SQL DDL 语句。可用 SQL 语句直接在 Phoenix 中创建表，或通过创建读写表或只读视图映射到现有 HBase 表，但需注意行键和键值二进制表示形式必须与 Phoenix 数据类型的二进制表示形式匹配。可使用像 CREATE TABLE 的语句定义表的结构、列名、数据类型和各种约束。

②可通过复制已有表创建新表。这对创建具有相似结构的表非常方便，可使用 CREATE TABLE ... AS SELECT 语句实现表的复制。

③使用 Java API。Phoenix 提供了 Java API，可通过编写 Java 代码创建表。使用 Java API 可更灵活地定义表的结构和属性，并在运行时对动态表进行定义和修改。

2）数据加载

Phoenix 提供两种将数据批量加载到 Phoenix 表中的方法：

①单线程客户端加载工具，用于通过 psql 命令进行 CSV 格式的数据；

②基于 MapReduce 的批量加载工具，用于 CSV 和 JSON 格式的数据。

psql 工具通常适用数十兆字节，基于 MapReduce 的加载器通常更适合较大负载量。psql 命令通过 Phoenix bin 目录中的 psql.py 调用，若要用其加载 CSV 数据，可通过提供 HBase 群集的连接信息，将数据加载到表名称及一个或多个 CSV 文件的路径调用它。对分布在集群上更高吞吐量的加载，可先使用 MapReduce 加载器将所有数据转换为 HFile，然后将创建好的 HFile 提供给 HBase。

3）数据查询

通过 SQL 语句对数据进行查询和分析。

4）用户自定义函数

当内置函数不能满足需求时，可通过编写临时或永久用户自定义函数 UDF（User-Defined Function）插入自己的处理代码并在查询中使用它们。

按使用方法，UDF 有如下分类：

①临时函数：特定用于当前会话使用，无法在其他会话中访问，重启会话后需重新创建。

②永久函数：信息存储在 SYSTEM 系统表中，可在多个会话中使用，无须每次创建。

5）调测程序

开发好的程序可在 JDBC 客户端以命令行形式运行测试并进行结果查询。

三、大数据计算服务开发

以 Spark 为例介绍大数据计算服务开发。

（一）Spark 运行原理

Spark 程序入口是 Driver 中的 SparkContext。与 Spark1.x 相比，从 Spark2.0 开始发生了变化，即 SparkSession 统一了与用户交互的接口，而 SparkContext 成为 SparkSession 的成员变量。

Spark 的基本运行流程如图 3-1 所示。

（1）当提交一个 Spark 应用时，首先需为该应用构建基本运行环境，即由驱动器（Driver）创建一个 SparkContext 对象，并由 SparkContext 负责和资源管理器（Cluster Manager）的通信及进行资源申请、任务分配和监控等。SparkContext 会向资源管理器注册并申请运行执行器的资源，因此，SparkContext 可看作应用程序连接集群的通道。

（2）资源管理器为执行器分配资源，并启动执行器进程，执行器运行情况将随着“心跳”发送到资源管理器上。

（3）SparkContext 根据 RDD 的依赖关系构建 DAG 图，DAG 图提交给 DAG 调度器（DAGScheduler）进行解析，将 DAG 图分解成多个“阶段”（每个阶段都是一个任务

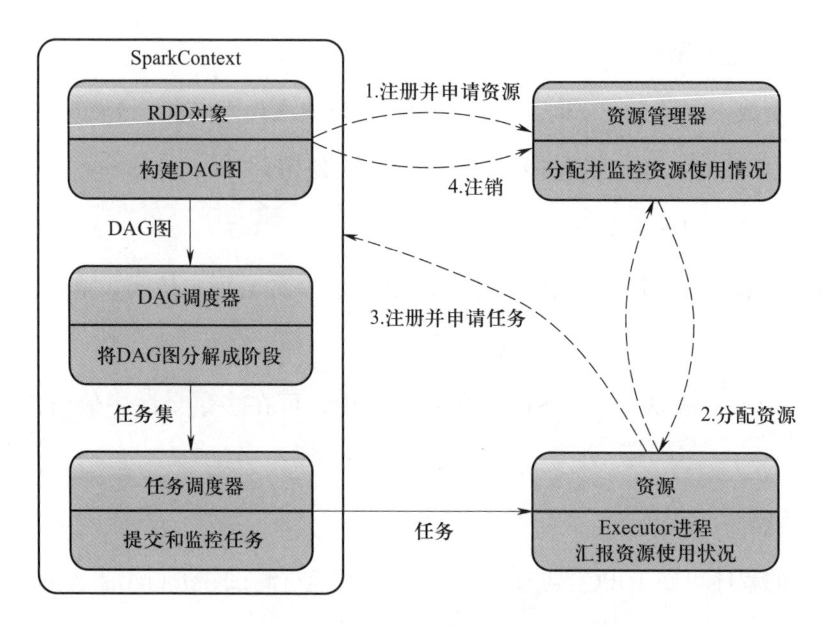

图 3–1　Spark 的基本运行流程

集），并计算出各阶段间的依赖关系，然后把一个个“任务集”提交给底层任务调度器（TaskScheduler）进行处理；执行器向 SparkContext 申请任务，任务调度器将任务分发给执行器运行，同时，SparkContext 将应用程序代码发放给执行器。

（4）任务在执行器上运行，将执行结果反馈给任务调度器后，再反馈给 DAG 调度器，运行完后写入数据并释放所有资源。

（二）Spark 开发案例

本案例使用基于 ALS 矩阵分解的协同过滤算法实现电影推荐。下面介绍 ALS 算法基本原理，以及如何编写 Spark MLlib 程序及运行 ALS 算法。

1. ALS 算法基本原理

在实际应用中，用户和商品关系可抽象为一个三元组 <User，Item，Rating>，其中，User 表示用户，Item 表示物品，Rating 表示用户对物品的评分，即用户对物品的喜好程度。

用户对物品的评分行为可表示成一个评分矩阵 A（$m \times n$），表示 m 个用户对 n 个物品的评分情况，见表 3–10。

其中，矩阵 A 的每个元素 A_{ij}，表示用户 u_i 对物品 v_j 的评分。因用户不会对所有物品进行评分，因此，矩阵 A 中难免会存在“缺失值”（表 3–10 中用问号标记处），

这意味着 A 是稀疏矩阵，其中会存在很多空值，如图 3-2 所示。基于模型的协同过滤算法即根据已经观察到的用户、物品信息预测矩阵 A 中的“缺失值”。

表 3-10　用户对物品的评分

	v_1	v_2	v_3	v_4	v_5
u_1	3	5	4	?	1
u_2	4	?	3	3	1
u_3	3	4	5	3	2
u_4	4	4	3	2	1
u_5	2	4	?	1	2
u_6	?	5	4	1	2

“用户－物品”矩阵 A 中的元素 A_{ij} 是用户给予物品的显式偏好，如用户根据自己喜好对电影评分。然而，在现实中使用时，通常只能获得隐式反馈信息（如意见、点击、购买、喜欢及分享等），无法直接获得显式反馈信息（如用户对物品的评分）。基于 ALS 矩阵分解的协同过滤算法，不是直接对评分矩阵建模，而是根据隐式反馈（如意见、点击、购买、喜欢及分享等），衡量用户喜好某个物品的置信水平，从而得到“用户－物品”矩阵 A 中的“缺失值”。

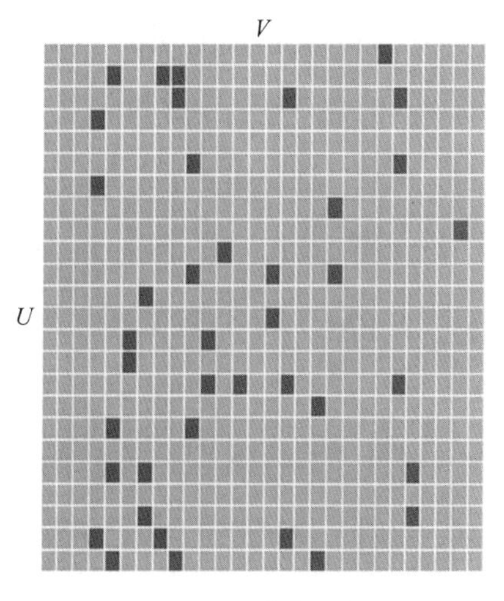

图 3-2　稀疏矩阵

ALS（alternating least squares，最小交替二乘法）采用了“隐语义模型”（又叫“潜在因素模型”），试图通过数量较少、未被观察到的底层原因，解释大量用户和产品间可观察到的交互。ALS 通过降维方法补全“用户－物品”矩阵，并对矩阵中没有出现的值进行估计。ALS 核心思想是基于一个假设，即评分矩阵近似低秩。也就是说，一个 $m \times n$ 的评分矩阵 A，可由分解到的两个小矩阵 $P(m \times k)$ 和 $Q(n \times k)$ 的乘积近似得到，如图 3-3 所示，即 $A=PQ^T$，其中，$k<<m$，n。在该矩阵分解过程中，评分缺失项得到了填充，即可基于填充评分给用户推荐物品。在实际应用场景中，m 和 n 的数值都很大，矩阵 A 的规模很容易就突破 1 亿项。此

时，传统矩阵分解方法（如奇异值分解 SVD），面对如此大的数据量往往会“无能为力”，而 ALS 则可获得较好性能。

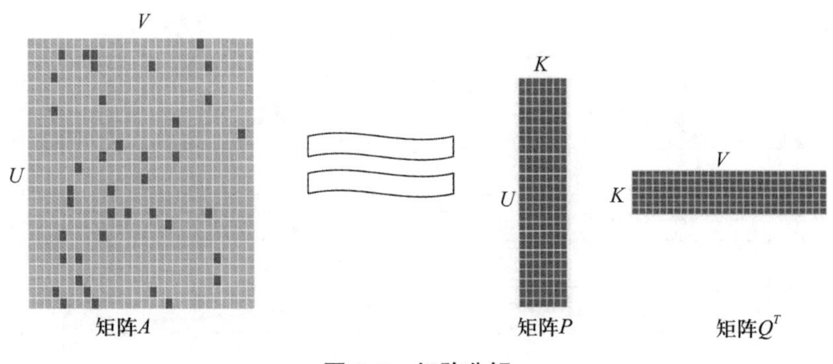

图 3-3　矩阵分解

比如，将用户（user）对物品（item）的评分矩阵分解为两个矩阵：一个是用户对物品隐含特征的偏好矩阵，另一个是物品包含隐含特征的矩阵。也就是说，将“用户 - 物品”评分矩阵 R 分解成两个隐含因子矩阵 P 和 Q，从而将用户和物品投影到一个隐含因子的空间。即对 R（$m\times n$）矩阵，ALS 旨在找到两个低维矩阵 P（$m\times k$）、矩阵 Q（$n\times k$），以近似逼近 R（$m\times n$）：

$$R_{m\times n} \backsimeq R_{m\times k} Q^T_{n\times k}$$

其中，$k<<\min(m, n)$。此时已相当于降维，故矩阵 P 和 Q 也称低秩矩阵。需注意，我们无须显式定义 k 个关联维度，只需假定它们存在，因此该关联维度又被称“隐语义因子（latent factor）”，k 的典型取值一般是 20 ~ 200。该方法称“概率矩阵分解算法（probabilistic matrix factorization，PMF）”。ALS 算法则是 PMF 在数值计算方面的应用。

下面简要说明 ALS 低秩假设为什么合理。在生活中，人们的喜好各不相同。而描述一个人的喜好，通常可在一个抽象低维空间上进行，无须将其喜欢的事物一一列出。比如，用户 a 喜欢看战争题材电影，可根据该描述推测用户 a 喜欢《集结号》《拯救大兵瑞恩》等电影，即这些电影在抽象低维空间的投影和用户 a 的喜好相似。进一步，可把用户喜好和电影特征投到一个低维空间。比如，把一个用户的喜好投影到一个低维向量 p_i，把一部电影的特征投影到一个低维向量 q_j，则该用户和该电影的相似度就可表示成这两个向量间的内积 $p_i q_j^T$。若把评分理解成相似度，则评分矩阵 A 就可由用户喜好矩阵 P 和电影特征矩阵 Q 的乘积 PQ^T 近似。

为使低秩矩阵 P 和 Q 尽量逼近 R，可最小化下面的损失函数 L：

$$L(P,Q)=\sum_{u,i}(r_{ui}-p_uq_i^T)^2+\lambda(|p_u|^2+|q_i|^2)$$

其中，p_u 表示用户 u 偏好的隐含特征向量，q_i 表示物品 i 包含的隐含特征向量，r_{ui} 表示用户 u 对物品 i 的评分，向量 p_u 和 q_i 的内积 $p_uq_i^T$ 是用户 u 对物品 i 评分的近似。最小化该损失函数是使两个隐因子矩阵的乘积尽量逼近原始评分。同时，损失函数中增加了 L2 规范化项（regularization term），会对较大参数值进行惩罚，以削弱过拟合造成的影响。

ALS 是求解 $L(P, Q)$ 的著名算法，其基本思想是固定其中一类参数，使其变为单类变量优化问题，利用解析方法进行优化；反过来固定先前优化过的参数，再优化另一组参数；此过程迭代进行，直到收敛。ALS 是“最小交替二乘法”中的“交替”，即指先随机生成 P_0，然后固定 P_0 求解 Q_0，再固定 Q_0 求解 P_1，如此交替进行下去。因为每步迭代都会降低重构误差，且误差有下界，所以 ALS 一定会收敛。具体求解过程是：

（1）固定 Q，对 p_u 求偏导数 $\frac{\partial L(P,Q)}{\partial p_u}=0$，得到求解 p_u 的公式：

$$p_u=(Q^TQ+\lambda I)^{-1}Q^Tr_u$$

（2）固定 P，对 q_i 求偏导数 $\frac{\partial L(P,Q)}{\partial q_i}=0$，得到求解 q_i 的公式：

$$q_i=(P^TP+\lambda I)^{-1}P^Tr_i$$

实际运行时，程序会先随机对 P、Q 进行初始化，随后根据以上过程，交替对 P、Q 进行优化直到收敛。收敛标准是其均方根误差（root mean squared error，RMSE）小于某一预定义阈值。

2. 在 spark-shell 中运行 ALS 算法

spark.ml 包提供了交替最小二乘法 ALS 学习隐性语义因子并进行推荐。在推荐系统中，用户和物品的交互数据分为显性反馈和隐性反馈数据。而在 ALS 中也将这两种情况考虑进来，可训练如下两种模型：

```
val model1=ALS.train(ratings， rank， numIterations， lambda)// 显式反馈模型
val model2=ALS.trainImplicit(ratings， rank， numIterations， lambda， alpha) //
隐式反馈模型
```

各参数含义如下：

（1）ratings。由“用户 - 物品”矩阵构成的训练集。

（2）rank。隐含因子个数。

（3）numIterations。迭代次数。

（4）lambda。正则项的惩罚系数。

（5）alpha。置信参数。

可以看出，隐式反馈模型多了一个置信参数，其与 ALS 中对隐式反馈模型的处理方式有关。对隐式反馈模型而言，ALS 采用的损失函数如下：

$$L_{\mathrm{WRMF}} = \sum_{u,i} c_{ui}(p_{ui} - x_u^T \cdot y_i)^2 + \lambda_x \sum_u \|x_u\|^2 + \lambda_y \sum_u \|y_i\|^2$$

因隐式反馈模型中没有评分，所以在式中 r_{ui} 被 p_{ui} 取代，p_{ui} 表示偏好，仅表示用户和物品间是否存在交互，而不表示评分高低或喜好程度。比如，若用户和物品间有交互，则 p_{ui} 等于 1，没有交互则等于 0。函数中还有一项 c_{ui}，其表示用户偏爱某个商品的置信程度。例如，交互次数多的商品，权重就会增加。若用 d_{ui} 表示交互次数，则可把置信程度表示成如下公式：

$$c_{ui}=1+\alpha d_{ui}$$

其中，α（即 alpha）为上面提到的置信参数，也是该模型的超参数之一，需用交叉验证获得。

下面用实例演示 Spark MLLib 中的 ALS 算法。采用 Spark 自带的 MovieLens 数据集，可在 Spark 的安装目录下找到该文件：/usr/local/spark/data/mllib/als/sample_movielens_ratings.txt。其中，每行包含一个用户、一部电影、一个该用户对该电影的评分及时间戳。这里使用默认 ALS.train() 方法构建推荐模型，并进行模型评估。下面介绍具体实验步骤。

第一步，引入需要的包。

```
scala> import   org.apache.spark.ml.evaluation.RegressionEvaluator
scala> import   org.apache.spark.ml.recommendation.ALS
```

第二步，创建一个 Rating 类和 parseRating 函数。parseRating 读取 MovieLens 数据

集中的每一行，并转化成 Rating 类的对象。

```
scala> case class Rating(userId:Int， movieId:Int， rating:Float， timestamp:Long)
definedclass Rating
scala> def parseRating(str:String):Rating={
    | val fields=str.split("::")
    | assert(fields.size == 4)
    | Rating(fields(0).toInt， fields(1).toInt， fields(2).toFloat， fields(3).toLong)
    | }
parseRating:(str:String)Rating
scala> val ratings=spark.sparkContext.
|
textFile("file:///usr/local/spark/data/MLlib/als/sample_movielens_ratings.txt").
| map(parseRating).toDF( )
ratings:org.apache.spark.sql.DataFrame=[userId:int， movieId:int ... 2 more fields]
scala> ratings.show( )
+--------+---------+--------+------------+
|userId|movieId|rating| timestamp|
+--------+---------+--------+------------+
|   0|    2|  3.0|1424380312|
|   0|    3|  1.0|1424380312|
+--------+---------+--------+------------+
only showing top 2 rows
```

第三步，把 MovieLens 数据集划分成训练集和测试集，其中，训练集占 80%，测试集占 20%。

```
scala>val Array(training, test)=ratings.randomSplit(Array(0.8, 0.2))
training:org.apache.spark.sql.Dataset[org.apache.spark.sql.Row]=[userId:int,
movieId:int... 2 more fields]
test:org.apache.spark.sql.Dataset[org.apache.spark.sql.Row]=[userId:int, movieId:
int ... 2 more fields]
```

第四步，使用 ALS 建立推荐模型。可构建两个模型，一个是显性反馈，另一个是隐性反馈。

```
scala> val alsExplicit=new ALS().
| setMaxIter(5).setRegParam(0.01).
| setUserCol("userId").setItemCol("movieId").setRatingCol("rating")
alsExplicit:org.apache.spark.ml.recommendation.ALS=als_05fe5d65ffc3
scala> val alsImplicit=new ALS().
| setMaxIter(5).setRegParam(0.01).
| setImplicitPrefs(true).
| setUserCol("userId").setItemCol("movieId").setRatingCol("rating")
alsImplicit:org.apache.spark.ml.recommendation.ALS=als_7e9b959fbdae
```

ALS 对象参数含义见表 3–11。

表 3–11　　ALS 对象参数含义

参数	含　义
α	其是针对隐性反馈 ALS 版本的参数，该参数决定偏好行为强度基准，默认为 1.0
checkpointInterval	用来设置检查点的区间（>= 1）或使检查点不生效（–1）的参数，默认为 10。如 10 意味着缓存中每隔 10 次循环进行一次检查
implicitPrefs	决定是用显性反馈 ALS 的版本还是用适用隐性反馈数据集的版本，默认为 false，即用显性反馈
itemCol	用来设置物品 id 列名的参数，id 列必须为 Integer 类型，其他数值类型也支持，但只要其落在 Integer 域内，就会被强制转化成 Integer，默认为“item”
maxIter	最大迭代次数，默认为 10

续表

参数	含　义
nonnegative	决定是否对最小二乘法使用非负限制，默认为 false
numItemBlocks	物品分块数，默认为 10
numUserBlocks	用户分块数，默认为 10
predictionCol	用来设置预测列名参数，默认为“prediction”
rank	矩阵分解的秩，即模型中隐语义因子个数，默认为 10
ratingCol	用来设置评分列名的参数，默认为“rating”
regParam	正则化参数（>= 0），默认为 0.1
seed	随机数种子，默认为 1994790107
userCol	用来设置用户 id 列名的参数，id 列必须为 integer 类型，其他数值类型也支持，但只要其落在 Integer 域内，就会被强制转化成 Integer，默认为“user”

可调整这些参数，并不断优化结果，以使均方差变小。比如，maxIter 越大，regParam 越小，均方差越小，推荐结果越优。

第五步，把推荐模型放在训练数据上训练。

```
scala> val  modelExplicit=alsExplicit.fit(training)
modelExplicit: org.apache.spark.ml.recommendation.ALSModel=als_05fe5d65ffc3
scala> val  modelImplicit=alsImplicit.fit(training)
modelImplicit: org.apache.spark.ml.recommendation.ALSModel=als_7e9b959fbdae
```

第六步，对测试集中的“用户 – 电影”进行预测，得到预测评分数据集。

```
scala> val   predictionsExplicit= modelExplicit.transform(test).na.drop( )
predictionsExplicit: org.apache.spark.sql.DataFrame = [userId:int，  movieId:int ... 3 more fields]
scala> val   predictionsImplicit= modelImplicit.transform(test).na.drop( )
predictionsImplicit:org.apache.spark.sql.DataFrame=[userId:int，  movieId:int ... 3 more fields]
```

测试集中若出现训练集中未出现过的用户，则此次算法无法进行推荐和评分预测。因此 na.drop（ ）将删除 modelExplicit.transform（test）返回结果的 DataFrame 中任何出现空值或 NaN 的行。

第七步，输出结果，并对比真实结果与预测结果。

```
scala> predictionsExplicit.show( )
+------+-------+------+----------+------------+
|userId|movieId|rating| timestamp|  prediction|
+------+-------+------+----------+------------+
|    13|     31|   1.0|1424380312|  0.86262053|
|     5|     31|   1.0|1424380312|-0.033763513|
+------+-------+------+----------+------------+
only showing top 2 rows
scala> predictionsImplicit.show( )
+------+-------+------+----------+-----------+
|userId|movieId|rating| timestamp| prediction|
+------+-------+------+----------+-----------+
|    13|     31|   1.0|1424380312| 0.33150947|
|     5|     31|   1.0|1424380312|-0.24669354|
+------+-------+------+----------+-----------+
only showing top 2 rows
```

第八步，通过计算模型均方根误差（RMSE，Root Mean Squared Error）对模型进行评估，且均方根误差越小，模型越准确。

```
scala> val  evaluator=new RegressionEvaluator( ).
| setMetricName("rmse").setLabelCol("rating").
| setPredictionCol("prediction")
evaluator:org.apache.spark.ml.evaluation.RegressionEvaluator=regEval_
bc9d91ae7b1a
```

```
scala> val  rmseExplicit=evaluator.evaluate(predictionsExplicit)
rmseExplicit:Double=1.6995189118765517
scala> val  rmseImplicit=evaluator.evaluate(predictionsImplicit)
rmseImplicit:Double=1.8011620822359165
// 打印出两个模型的均方根误差
scala> println(s"Explicit:Root-mean-square error=$rmseExplicit")
Explicit:Root-mean-square error=1.6995189118765517
scala> println(s"Implicit:Root-mean-square error=$rmseImplicit")
Implicit:Root-mean-square error=1.8011620822359165
```

可以看到打分的均方差值为 1.69 和 1.80 左右。因本例数据较少，所以预测结果和实际相比有一定差距。

思考题

1. 大数据应用开发涉及哪些主要方面？
2. 在大数据应用开发中，如何根据产品业务需求设计接口和功能模块？
3. 大数据应用开发需要掌握哪些相关知识？
4. 大数据应用开发过程中，如何进行系统测试并输出缺陷报告？
5. 如何根据测试用例开发自动化测试脚本？

第四章 大数据技术服务

随着信息时代到来，人们对数据的需求愈发迫切。大数据技术服务应运而生，为组织提供了强大的数据处理和分析能力，以帮助其实现更高效、智能和精确的决策。随着技术的不断进步和数据量的不断增加，大数据技术服务将继续发挥重要作用，并为各个行业和领域带来更多的机遇与挑战。

本章从大数据咨询职责、大数据技术及其应用价值、大数据应用及产业发展趋势等方面对大数据技术服务进行介绍。

- **职业功能：** 大数据技术服务。
- **工作内容：** 技术咨询。
- **专业能力要求：** 能收集目标市场信息，分析行业需求；能配合销售团队进行产品宣讲和解决方案展示；能独立解决客户技术咨询问题并提供技术方案；能参与项目架构设计并提出参考意见。
- **相关知识要求：** 大数据架构知识；大数据技术趋势知识。

一、技术咨询概论

（一）技术咨询及职责

技术咨询指咨询顾问应委托方要求，针对数据存储能力不足、数据计算性能不佳等技术问题、课题或特定技术项目，运用掌握的大数据相关理论知识、实践知识和信息，通过调查研究并结合客户实际，运用科学方法和先进手段，进行分析、评价、预测，从而为委托方提出可供选择的方案及建议。其形式一般包括技术传授、技术交流、技术规划、技术评估及技术培训等。

（二）大数据技术引入原则

在技术咨询过程中，咨询顾问应先判断客户诉求是否适合使用大数据技术，或说是否可通过大数据技术进行解决。因此，首先需确定大数据技术引入原则。

大数据泛指对无法在可容忍时间内用传统信息技术和软硬件工具对其进行获取、管理和处理的巨量数据集合，具有海量性、多样性、时效性及可变性等特征，需可伸缩的计算体系结构以支持其存储、处理和分析。大数据技术引入需考虑的因素包括存储能力、计算能力、扩展能力、复杂业务精准分析需求等。

（三）大数据技术应用价值

在不同业务领域，大数据应用价值也有不同体现。

（1）在企业经营方面，大数据有助于企业进行市场机会发掘及精细化运营，通过用户行为分析，能为每个用户勾勒出一幅“画像”，并为具有相似特征的用户组提供更加精准的服务及产品，甚至为每个客户量身定制不同方案。比如，智能推荐系统通过分析用户的历史行为习惯了解用户的喜好，从而为用户推荐感兴趣的信息，满足用户的个性化推荐需求。

（2）在管理决策领域，曾经在信息有限、获取成本高昂、没有数字化的时代，管理者往往更多依赖个人经验和直觉做出决策。而在大数据时代，大数据能有效帮助各行业用户做出更准确的决策，做到数据驱动决策，从而做到决策有据可依。

（3）在物流领域，结合算法模型并利用大量数据训练后，物流系统已能模仿人的智能，具有思维、感知、学习、判断能力，且能自行解决物流中的某些问题，包括但不限于存货盘点、拣货、包装、单据管理、运输、物流追踪、派送时间预测等问题，可助力完善物流体系的智能化进程。

（4）在教育领域，基于大数据技术加持，可真正做到“因材施教”。即根据每个学生的学习特点、成绩分布等特征，为其提供个性化学习指导，以释放出其本来就有的学习能力和天分。

此外，大数据技术在行政管理、能源、制造、交通等领域都得到了广泛应用并体现出一定价值。总之，大数据价值在本质上体现为：为人类提供了一种认识复杂系统的新思维和新手段，并提供了全新的思维方式和探知客观规律、改造自然及社会的新手段。

（四）咨询能力体系

就目标而言，大数据技术咨询顾问应能帮助客户分析大数据应用需求，确立大数据应用战略，规划大数据技术架构，实施大数据应用项目，提升组织数据分析水平，挖掘大数据价值。比如，企业大数据应用，以客户行为分析、企业风险预测、企业绩效管理等业务需求为指引，通过采集企业内外具有潜在利用价值的大量结构化和非结构化数据，搭建大数据技术架构，包括数据采集、分布式数据处理、数据存储、数据挖掘与分析、数据可视化等。

为实现业务目标，需要技术咨询顾问具备相应能力，主要包括业务能力、产品能力、技术能力、沟通表达能力、方案编制能力及学习能力等。

二、大数据发展趋势

全球范围内，研究发展大数据技术、运用大数据推动经济发展、完善社会治理、提升政府服务和监管能力正成为趋势。可从应用和技术两个方面对当前大数据技术现状与趋势进行梳理。

1. 从应用角度

目前已有众多成功的大数据应用，但就其效果和深度而言，当前大数据应用尚处于初级阶段，根据大数据分析预测未来、指导实践的深层次应用将成为发展重点。

按数据开发应用深入程度不同，可将大数据应用分为 3 个层次，包括描述性分析应用、预测性分析应用、决策指导性分析应用。

当前，在大数据应用实践中，描述性分析应用、预测性分析应用多，决策指导性分析应用偏少；人们做出决策的流程通常包括认知现状、预测未来和选择策略 3 个基本步骤。而这些步骤也对应了上述大数据分析应用的 3 个不同类型。不同类型应用意味着人类和计算机在决策流程中不同的分工和协作。比如，第一层次描述性分析中，计算机仅负责将与现状相关信息和知识展现给人类专家，而对未来态势判断及对最优策略的选择仍由人类专家完成。可见，应用层次越深，计算机承担的任务越多、越复杂，效率提升也越大，价值也越大。然而，随着研究应用不断深入，人们逐渐意识到前期在大数据分析应用中大放异彩的深度神经网络尚存在基础理论不完善、模型不具可解释性、鲁棒性较差等问题。因此，虽然应用层次最深的决策指导性应用，当前已在人机博弈等非关键性领域取得较好的应用效果，但是，在自动驾驶、政府决策、军事指挥、医疗健康等应用价值更高，且与人类生命、财产、发展和安全紧密关联的领域，要真正获得有效应用，仍面临一系列待解决的重大基础理论和核心技术挑战。在此之前，人们还不敢也不能放手将更多任务交由计算机大数据分析系统完成。这也意味着虽然已有很多成功大数据应用案例，但还远未达到我们的预期，大数据应用仍处于初级阶段。随着应用领域拓展、技术提升、数据共享开放机制的完善，以及产业生态的成熟，具有更大潜在价值的预测性和指导性应用将是发展重点。

2. 从技术角度

当今时代，数据规模高速增长，现有技术体系难以满足大数据应用需求，大数据理论与技术远未成熟，未来信息技术体系将会颠覆式创新和变革。

近年来，数据规模呈几何级数高速成长。据国际信息技术咨询企业国际数据公司（IDC）报告，2020 年全球数据存储量达到 50.5 ZB，到 2030 年将达到 2 500 ZB。当前，需处理的数据量已大大超过处理能力上限，从而导致大量数据因无法或来不及处理，而处于未被利用、价值不明的状态，也因此被称为“暗数据”。据国际商业机器公司（IBM）研究报告估计，大多数企业仅对其所有数据的 1% 进行过分析应用。

近年来，大数据获取、存储、管理、处理、分析等相关技术已有显著进展，但是，大数据技术体系尚不完善，大数据基础理论研究仍处于萌芽期。首先，大数据定义虽已达成初步共识，但许多本质问题仍存在争议，如数据驱动与规则驱动的对立统一、“关联”与“因果”的辩证关系、“全数据”的时空相对性、分析模型的可解释性与鲁棒性等；其次，针对特定数据集和特定问题域已有不少专用解决方案，是否有可能形成“通用”或“领域通用”的统一技术体系，仍有待未来技术发展给出答案；最后，应用超前理论和技术发展，数据分析结论往往缺乏坚实的理论基础，所以使用这些结论时仍需谨慎。

推演信息技术未来发展趋势，较长时期内仍将保持渐进式发展态势。虽然因技术发展，数据处理能力大幅提升，但也远落后于按指数增长模式快速递增的数据体量，且数据处理能力与数据资源规模间的“剪刀差”会随时间持续扩大，大数据现象将长期存在。在此背景下，大数据现象倒逼技术变革，使信息技术体系进行一次重构，也因此带来颠覆式发展机遇。比如，计算机体系结构以数据为中心的宏观走向和存算一体的微观走向，软件定义方法论的广泛采用，云边端融合的新型计算模式等；网络通信向宽带、移动、泛在发展，海量数据快速传输和汇聚带来的网络 PB/s 级带宽需求，千亿级设备联网带来的 GB/s 级高密度泛在移动接入需求；大数据时空复杂度亟待在表示、组织、处理和分析等方面有基础性、原理性突破，而高性能、高时效、高吞吐等极端化需求呼唤基础器件的创新和变革；软硬件开源开放趋势导致产业发展生态重构。

三、大数据分析技术框架类型

完整数据分析流程包含数据采集、清洗、存储、处理、分析、可视化等环节，将这些环节进行有机组合则可为使用者提供全面的数据分析能力。而大数据分析及相关应用开发技术框架的出现，为更好达到这一目的提供了有力保障。

常见大数据分析框架如 Apache Hadoop、Spark 和 Flink，可用于存储、处理和挖掘数据中有价值的信息。基于这些技术框架，能从海量数据中提取信息，并进行数据探索、预测和决策支持等。而大数据分析应用开发则是基于大数据分析结果的进一步应用。通过开发自定义的应用程序、数据可视化工具或智能系统，可将分析结果转化为实际业务价值。而这些应用可帮助企业进行用户行为分析、市场推荐、智能风控、产品优化等方面的工作，从而提升业务效率和竞争力。

（一）结构化业务数据分析类

根据面向数据结构特点的不同，通常可将数据分析划分为结构化数据分析与非结构化数据分析。其中结构化数据分析相关技术框架核心是帮助使用者解决结构化数据的采集、清洗、存储、分析、可视化等问题，为使用者提供有效分析和洞察力，并支持企业业务决策和业务创新。

结构化业务数据分析核心技术框架主要包括以下几个方面：

（1）数据仓库。数据仓库是一个用于集成、存储和管理结构化业务数据的系统。常见数据仓库框架有关系型数据库（如 Oracle、MySQL、MongoDB）、列存储数据库（如 Apache HBase、Apache Cassandra）、大数据平台（如 Apache Hadoop、Apache Spark）、云数据仓库（如 Amazon Redshift、Google Big Query）、内存数据库（如 Redis、Memcached、Apache Ignite）等。

（2）数据集成和 ETL（Extract Transform Load）工具。用于从不同的数据源中提取、转换和加载数据到数据仓库中。常见 ETL 工具有 Talend Open Studio、Apache NiFi 等。

（3）数据分析和统计工具。用于对结构化业务数据进行统计分析和探索性数据分析。常见数据分析和统计工具有 Excel、R、Python 的 pandas 和 numpy 库等。

（4）数据挖掘和机器学习框架。用于从结构化业务数据中发现隐藏模式和规律，并进行预测和决策支持。常见数据挖掘和机器学习框架有 Scikit-learn、TensorFlow、Pytorch、Apache Mahout、Spark MLlib 等。

（5）数据可视化和报表工具。用于将结构化业务数据可视化展示和生成报表。常见数据可视化和报表工具有 Excel、Python Matplotlib 及商用商业智能（可视化分析）工具等。

上述框架都是结构化业务数据分析中常用的核心技术框架，根据具体业务需求和数据特点，可选择合适的框架组合进行结构化业务数据分析。

（二）非结构化大数据分析类

非结构化大数据分析相关技术框架核心是帮助使用者解决非结构化大数据采集、清洗、存储、索引、挖掘及可视化等问题，为使用者提供有效分析和洞察力，并支持企业业务决策和业务创新。

非结构化大数据分析核心技术框架主要包括以下几个方面：

（1）自然语言处理（NLP）框架。用于处理和理解非结构化文本数据，包括文本分类、命名实体识别、情感分析等技术。常见 NLP 框架有 NLTK、spaCy、Stanford NLP、Gensim、Transformers 等。

（2）图像和视频处理框架。用于处理和分析非结构化的图像和视频数据，包括图像识别、目标检测、视频分析等技术。常见图像和视频处理框架有 OpenCV、TensorFlow、PyTorch、scikit-image 等。

（3）音频处理框架。用于处理和分析非结构化的音频数据，包括语音识别、语音生成、音频分类等技术。常见音频处理框架有 Librosa、PyDub、PyAudio、Pymir、Essentia、DeepSpeech 等。

（4）分布式计算和存储框架。用于处理大规模非结构化数据的分布式计算和存储，包括 Apache Hadoop、Apache Spark、Apache Flink 等，另外在此基础上还可使用 GPU 加速技术。这些框架可为使用者提供高性能的数据处理和分析能力。

上述框架都是非结构化大数据分析中常用的核心技术框架，根据具体应用场景和需求，可选择合适的框架组合进行非结构化大数据分析。

（三）大数据分析应用开发

大数据分析应用开发是指利用大数据技术和方法，通过对庞大、复杂的数据集进行收集、存储、处理和分析，开发出能解决实际问题或提供商业价值的应用程序，常见大数据分析应用程序包含文件管理查询、大数据离线分析、大数据交互式分析等几个方向。这些应用程序可帮助使用者从海量和多样化数据中挖掘有意义信息、发现隐藏模式和趋势，以支持决策制定、业务优化、预测、风险管理等方面的需求。

大数据应用开发核心技术框架主要包含以下几个方面：

（1）数据库管理系统（DBMS）。用于管理和查询结构化数据。常见 DBMS 有 MySQL、PostgreSQL、MariaDB 等。

（2）NoSQL 数据库。用于存储和查询非结构化或半结构化数据。常见 NoSQL 数据库有 MongoDB、Apache Cassandra、Redis 等。

（3）分布式存储框架。用于存储大规模数据集。常见分布式存储框架有 Apache Hadoop、Apache HBase、Apache Kafka、MongoDB 等。

（4）数据索引和检索引擎框架。用于构建和管理数据索引，以支持高效文件查询和检索。常见数据索引和检索引擎框架有 Apache Lucene、Elasticsearch、Apache Solr 等。

（5）批数据计算框架。用于进行大规模离线数据处理和分析。常见批处理数据计算框架有 Apache Hadoop MapReduce、Apache Spark、Apache Flink 的批处理模块等。

（6）数据流计算框架。用于实时处理和分析数据流，提供实时交互式查询能力。常见数据流计算框架有 Apache Kafka、Apache Flink、Apache Storm 等。

（7）内存计算框架。用于在内存中进行快速计算和查询。常见内存计算框架有 Apache Spark 的内存计算模块、Apache Ignite、MemSQL 等。

（8）数据挖掘和机器学习框架。用于从大规模数据中发现模式和规律，并进行预测和决策支持。常见数据挖掘和机器学习框架有 Apache Mahout、Apache Spark、TensorFlow、Pytorch 等。

（9）数据可视化和报表工具。用于将离线分析结果可视化展示并生成报表。常见数据可视化和报表工具有 Apache Superset、Python matplotlib 及商业智能（可视化分析）工具等。

上述大数据应用开发框架能让开发人员更轻松地构建、管理和扩展大规模数据处理应用，同时提供了高效处理大规模数据的能力和丰富功能。这些框架在大数据领域发挥重要作用，并对大数据应用发展起到了积极的推动作用。

思考题

1. 技术咨询的职责是什么？
2. 大数据技术引入原则有哪些？
3. 大数据技术应用价值有哪些？
4. 大数据技术发展趋势有哪些？
5. 大数据分析框架有哪些类型？

第五章 大数据分析与挖掘

随着数字化时代的到来，会有大量数据产生，且这些数据来源于各个领域，涵盖了从企业运营到社交媒体、医疗保健、金融等各个方面。而大数据分析与挖掘将充分发挥出其在提取有价值信息、洞察趋势和支持决策等方面的潜力。

本章介绍了大数据分析与挖掘的核心内容，主要从数据预处理、数据分析、数据挖掘与数据可视化 4 个方面展开介绍。

- **职业功能：** 大数据分析与挖掘。
- **工作内容：** 数据预处理；数据分析；数据挖掘；数据可视化。
- **专业能力要求：** 能根据数据质量要求制定数据清洗策略及评估方案；能根据业务要求制定数据整合方案；能根据业务需求及性能要求设计数据结构及格式调整方案；能根据归一性需求制定数据规约方案；能根据业务需求编写自定义数据预处理函数；能根据数据特征及规律，制定数据采样方案；能根据分析需求进行数据准备；能根据业务需求构建合适的分析模型；能用合适算法实现分析模型并对拟合结果进行优化；能分析数据主成分及因子等相关特征，重构数据内容；能针对数据结果进行归纳并输出分析报告；能评估挖掘需求并选择合适方法对数据进行特征工程处理；能使用算法库及工具创建数据挖掘模型并进行模型训练；能选择合适评价指标对模型进行验证及调优；能选择合适评价指标对模型进行测试并输出最终模型的性能评估报告；能使用编程语言对模型进行部署和重构；能根据业务需求及分析结果，制定数据展示方案；能设计数据可视化实现方式；能与产品、运营人员合作美化数据报表及数据展示页面；能开发并优化数据可视化组件库；能对数据可视化结果进行业务分析并输出分析报告。

- **相关知识要求：** 数据格式线性变换知识；数据清洗需求分析方法；数据清洗方案设计知识；多元统计分析知识；判别分析知识；聚类分析知识；主成分分析知识；因子分析知识、时间序列分析知识；模型训练知识；模型测试知识；模型部署知识；数据可视化设计知识；可视化组件库开发知识。

第一节 数据预处理

数据预处理是采集数据后改进数据质量的第一个环节，可通过多种形式的数据预处理方法全面提升数据质量的各个维度，从而为后续大数据处理和分析打下坚实基础。数据预处理工作量约占整个大数据处理和分析工作的80%，在大数据处理和分析中都不可或缺。虽然数据质量改进是典型的“戴明环”过程（计划—执行—检查—处理），但若后续有更明确的数据要求、更翔实的数据资料或发现可进一步改进数据质量的手段，则应及时进行迭代。

在大数据平台中要实现数据价值，必须确保数据本身具有高质量，而数据质量应具备完备性、准确性、及时性、有效性、一致性、唯一性6个维度。

一、数据预处理概述

大数据平台中的数据预处理是指数据采集后，在数据计算和数据分析前进行的为提升数据质量开展的系列操作，其既要保障数据分析的正确性和有效性，又要加速数据分析过程。数据预处理流程一般为数据清洗、数据整合、数据转换、数据归约，同时会进行前置数据质量分析。数据质量分析取决于后续数据应用分析需求和组织数据标准，主要任务是发现数据中存在的质量问题。

数据预处理从数据（主体）角度主要分为对数据结构预处理和对数据值预处理，从处理（方法）角度主要分为数据清洗、数据整合、数据转换、数据归约。从实际工作角度应在掌握四大类预处理方法（步骤）后，对数据结构和数据值存在的问题和预期目标进行灵活运用。

（一）根据数据（主体）角度分类

根据数据（主体）角度，数据预处理包括以下几个类型：

（1）对数据结构预处理。对数据结构预处理主要是对多个数据集、多行记录及其全部属性进行处理和操作。整个数据预处理的前期阶段往往涉及较大数据量，如连接数据、提取特定属性（列）、按某些规则聚合等。

（2）对数据值预处理。对数据值预处理主要是对每个记录（行）中的数据值进行处理和操作，其一般会对每个记录进行独立的小规模操作，所以，其在数据预处理后程执行较多，且经常需通过改变方法和上下文条件反复进行调整。

（二）根据处理（方法）角度分类

根据处理（方法）角度，数据预处理包括以下几个类型：

（1）数据清洗。数据清洗主要是对数据的不完整、不一致、有噪声的质量缺陷，通过多种手段尝试删除原始数据集中的重复数据、非相关数据，以填补缺失、纠正偏差、去除或平滑噪声。其主要针对两种问题进行处理，即缺失值和异常值的处理。

（2）数据整合。数据整合主要是对多源数据的集成，特别是记录数据与主数据的连接、动态数据与静态数据的连接、多个维度间的融合。需整合的数据经常分布于不同数据源中，且不同数据源一般还存在物理异构、语义差异等问题。

（3）数据转换。数据转换主要通过各类广义上的格式化工具，将数据统一，以便理解，从而使数据分析和挖掘更加有效。本章的数据转换保持在数据层面，不涉及跨越数据、信息、知识、智慧等认知层面的转换。而跨越认知层面的转换主要出现在数据应用和处理分析阶段。

（4）数据归约。数据归约是指在保持数据特征前提下，尽量减少数据量。因在体积较大的数据集上进行后续庞杂数据处理和数据分析（挖掘），一般需要很长时间。而数据归约产生的新数据体积更小，同时能尽量保持完整性和特征，所以若对其进行数据处理和分析将更有效率。

二、数据清洗方案制定

数据预处理是数据挖掘的重要步骤，数据挖掘者的大部分时间和精力都花在预处理阶段。数据清洗的目的有两个，一是为解决数据质量问题，二是让数据更加适合做挖掘。在数据清洗过程中需重点解决脏数据问题，涉及的质量维度包括准确性、及时性、有效性、一致性、唯一性。

（一）脏数据分类

1. 重复数据

重复数据主要包括以下两种情形：

（1）两条记录完全重复且所有字段属性值都一样。

（2）多个字段重复。比如，两条顾客记录除家庭住址不一样外，所有字段属性值都一样。

重复数据的处理方式较简单，只需根据主键或其他规则删除多余数据。

2. 不完整数据

（1）属性值缺失

属性值缺失的原因有多种，系统导致或人为导致的可能性都存在。若有空值，为不影响分析的准确性，或不将空值纳入分析范围，或进行补值。某些数据的缺失值可从本数据源或其他数据字段推导出来，例如，职工信息表中名叫李四员工的年龄缺失，就可根据身份证号计算。

（2）数据记录缺失

当发生数据记录缺失时，若业务系统中还有这些记录，则可通过系统再次导入；若业务系统没有这些记录，则可通过手工补录或设计一定规则自动生成；抑或只能放弃。

3. 错误数据

（1）格式错误

格式错误是指收集到的数据格式跟预期的数据格式不一致，例如，设计库表字段为 8 位的日期，需遵循格式“20211120”，但实际获取到的数据格式为“2021-11-20”。这种数据无法存入数据库，需将其清洗成 8 位的日期字符串，可先将“2021-11-20”转换为日期型数据，然后将日期转换为“YYYYMMDD”格式的字符串，或采用字符替换方法，将“2021-11-20”中的“-”替换成空格。

（2）内容错误

数据没有严格按规范进行记录。比如，异常值——员工年龄是135岁；再比如，数据不统一，有的记录苏州工业园区，有的记录苏州工业园，有的记录苏州园区。对异常值，可通过区间限定发现并排除；对数据不统一，因这类数据并非真正的“错误”，系统并不知道苏州工业园区、苏州工业园、苏州园区是同一地区名称，故需人工干预，做一张清洗规则表，给出匹配关系，第一列是原始值，第二列是清洗值，用规则表关联原始表，用清洗值做分析。另外，也可通过近似值算法自动发现不统一的数据。

内容错误产生的原因是业务系统不健全，在收到数据并录入后没有对数据进行校验，就直接写入数据库。比如，数值数据输为全角数字字符、字符串数据后有回车操作、日期越界、电话号码位数不够等。对类似于全角字符、数据前后有不可见字符的问题，只能通过写SQL语句方式找到，然后要求客户在业务系统修正后抽取。

内容错误检测与处理较烦琐，需对数据进行分析，找出脏数据。可通过简单的黑名单或白名单找出脏数据，只要数据中出现黑名单上的值，则该数据就是脏数据，并将其修正为预先设定好的值。

（二）数据清洗策略与流程

数据清洗是一个反复的过程，不可能一次性完成，只能不断发现问题，并解决问题。数据清洗策略与流程如下：

1. 缺失值清洗

缺失值是最常见的数据问题，处理缺失值也有很多方法，建议按以下步骤进行：确定缺失值范围，去除多余字段，填充缺失内容，重新取数。

（1）确定缺失值范围

计算每个字段的缺失值比例，然后按缺失比例和字段重要性，分别制定策略，如图5-1所示。

（2）去除多余字段

确定不要的字段，直接删掉即可，但建议清洗时每做一步都要备份，或在小规模数据上试验成功后再处理全量数据，以避免数据丢失。

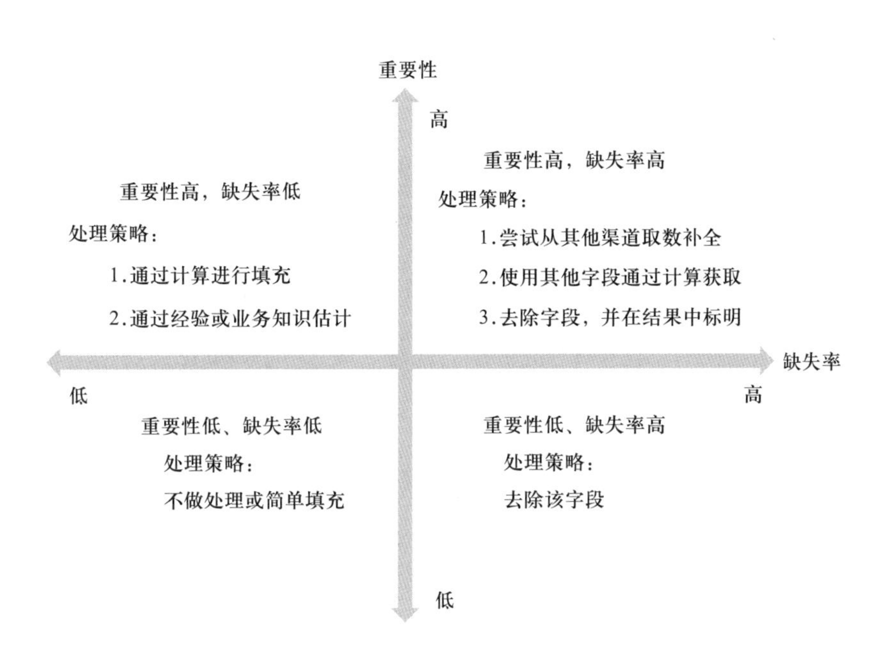

图 5-1 数据重要性缺失率二维四象限

（3）填充缺失内容

某些缺失值可进行填充，方法有以下 3 种：

1）以业务知识或经验推测填充缺失值。

2）以同一指标的计算结果（均值、中位数、众数等）填充缺失值。

3）以不同指标的计算结果填充缺失值，如年龄可通过身份证信息计算得到。

（4）重新取数

若某些指标既重要又缺失率高，则需和取数人员或业务人员了解，尽量寻找其他渠道获取相关数据。

2. 格式内容清洗

数据来源不同，则数据质量就不一样。若数据来自系统日志，则通常在格式和内容方面与元数据的描述一致。若数据由人工收集或用户填写，则很可能在格式和内容上存在一些问题，主要有以下几类：

（1）时间、日期、数值、全半角等显示格式不一致。该类问题通常与数据输入端有关，在整合多来源数据时也有可能遇到，将其处理成一致的某种格式即可。

（2）内容中有不应存在的字符。某些内容可能只包括部分字符，比如，身份证号

是数字 + 字母，中国人姓名是汉字（张 S 这种情况是少数）。最典型的是头、尾、中间的空格。另外，也可能出现姓名中存在数字符号、身份证号中存在汉字等问题。此时，需以半自动校验半人工方式找出可能存在的问题，并去除不需要的字符。

（3）内容与该字段应有内容不符。如性别写了姓名、身份证号写了手机号等。该类问题特殊性不能用删除直接处理，原因可能是人工填写错误，也可能是前端没有校验，还可能是导入数据时部分或全部存在列没有对齐，因此要详细识别问题类型。

3. 逻辑错误清洗

该部分工作使用简单逻辑推理就可直接发现问题数据，以防止分析结果走偏。主要包含以下步骤：

（1）去重。不建议将去重放在第一步，应放在格式内容清洗后（如多一个空格会导致工具认为“张某辰”和“ 张某辰”不是同一个人，去重失败）。而且，并非所有重复都能简单去掉，比如，系统中有两个小区虽然都叫“风景花园小区”，但却因为位置不同不能直接去重。不过，若数据非人工录入，则可简单去重。

（2）去除不合理值。不合理值有多种情况，比如，有人填表时乱填，年龄填 180 岁，年薪填 82 000 万（没注意到单位是“万”）元，这类值或删掉，或按缺失值处理。

（3）修正矛盾内容。有些数据可以互相验证，比如，身份证是 3203121972××××××××，然后年龄填 20 岁，此时，需根据字段数据来源，判定哪个字段提供的信息更可靠，然后再去除或重构不可靠的字段。

4. 非需求数据清洗

该部分工作是删除不要的字段。看似简单但实际操作时会有很多问题，比如，删除了看上去不需要但实际对业务很重要的字段；觉得某个字段有用，却没想好怎么用，不确定是否该删；一时看走眼，删错字段。针对前两种情况的建议是：若数据量没有大到不删字段就无法处理的程度，则能不删的字段尽量不删。所以，删除字段前，强烈建议做好数据备份。

5. 关联性验证

若处理的数据是多个来源，则有必要进行关联性验证。例如，某人有某家车辆线下购买信息，也有电话客服问卷信息，两者通过姓名和手机号关联，则需确认此人线

下登记的车辆信息和线上问卷的车辆信息是否为同一辆，若不是（当业务流程设计不合理时，有可能出现这类问题），则需调整或去除数据。

三、数据整合

大数据处理和分析经常使用来自多个数据源、同构或异构的数据，而进行数据整合则有利于减少数据集内部的冗余、结构不一致、语义不一致，从而提高后续大数据处理和分析的效率和正确率。

数据整合主要包含两大类工作，一类是识别实体关系后，进行基于实体关系的数据结构整合；另一类是识别属性关系后，进行基于属性关系的数据值整合。

（一）数据结构整合

数据结构整合是指对多个数据文件（表）、多个数据记录（行）进行的集成处理操作。在数据预处理前期，会对大量数据实例、数据记录进行结构整合，如连接主数据、连接参考数据、提取特定数据、根据一定规则进行聚合等。

数据结构整合主要涉及实体识别、冗余和相关分析等方面的检测及处理。

1. 实体识别

模式集成、对象匹配是需要技巧和经验的工作。从多源数据中识别哪些数据代表现实世界的同一类实体是实体识别的核心问题。因数据仓库和数据库中的数据一般带有元数据，故应充分利用元数据避免识别时可能发生的错误。

2. 冗余和相关分析

多个数据文件（表）被识别为同一个实体后，就需进行连接，以丰富该实体不同维度的属性。若实体识别是做加法，则冗余和相关分析就是做减法，或是一个进行范式化的过程。一个属性（列）若能由另一组属性（列）推导出，则该属性很有可能冗余。另外，语义或维度不同会导致冗余。同时，还要注意两者数据结构是否匹配。

（二）数据值整合

数据值整合是指对每个数据记录（行）中的数据字段（列）进行集成处理操作。其主要对每个数据记录（行）独立进行小规模操作，需通过改变条件进行反复调整才能完成。比如，可计算一个数据记录中两个空间位置字段间的距离，并更新距离字段。

数据值整合主要涉及数据值冲突、类型不一致的检测与处理。

1. 数据值冲突

因语义、尺度、编码标准不同，所以现实生活中的同一个实体，在多源数据文件（表）中的属性值很有可能不同。比如，测量土地面积系统的常用单位是亩，测量房屋面积的系统则会使用平方米，两者都是面积单位，数据类型也都是浮点型，若不清楚它们间的换算标准，就无法换算为一致结果。

2. 类型不一致

设定数据值类型主要为方便后续数据处理和分析，类型不一致经常是在排除数据值冲突后，要进一步解决的问题。

常见的类型不一致情况如下：

（1）数值型中混有未能转换成数值型的字符。

（2）整数型和浮点型不一致，虽然两者数值差别非常小，但两者计算效率有本质差别。

（3）枚举型不一致，比如，一个数据值的枚举型为18岁及以下、18~40岁、40~60岁、60岁以上，而另一个数据值的枚举型为少年、青年、中年、老年。

（4）时间型不一致，常见的有日期与时刻差别，甚至某些古老系统里仍采用非标准UTC计时。

（5）字符型不一致，常见的有动词和名词差别、偏正结构差别。

（6）位置信息型不一致，常见的有不同坐标系差别、地名地址差别。

四、数据转换

数据转换包括数据类型转换和数据文件格式转换。策略有多种，但具体要使用哪一种取决于数据存储位置。

（一）数据类型转换

数据类型转换是数据清洗工作必不可少的一部分。当需在字符串类型数据上进行数学运算处理时，则希望能以数字类型重新存储这些数据；当碰到字符串形式的日期数据时，则希望改变日期表现格式。

在数据转换过程中，有时会面临数据损耗问题。通常在目标数据类型无法保存与原始数据类型同样多的信息时，损耗就会发生。根据具体数据需求，数据转换过程允许损耗存在，但是，若不希望数据产生损耗，则该现象就不容忽视。其中包含的风险因素包括同种类型间的不同范围转换和不同精度间的转换。

常规数据类型转换都可在数据库中实现，可使用 SQL 数据库函数实现。

1. 数值型转换

数据分析中处理最多的数据类型是数值，与其他数据类型相比，该类型具有存储空间更小、易于加工等特点。此外，即使将数据聚合为平均值和极值，也可在不损失大量信息情况下表示数据。

即使不进行显式转换，数值型的列一般也会自动转换为数值型，但在数值中混有字符情况下，程序会将其识别为字符串。此外，数值型又包括整数型和浮点型等数据类型，需在必要时进行转换。比如，住宿人数为整数类型，但在计算平均住宿人数时，若不将数据类型转换为浮点型，则仅能获得舍入为整数的平均值。因此，在该类情况下，必须进行数值类型的转换处理。

2. 分类型转换

在数据分析中，分类型的常用程度仅次于数值型。分类型是可取值种类是定值的数据类型。比如，居住地所在“省级行政区”列的取值必定是从省级行政区中选择的数据，故该列就是分类型数据；“会员状态”列的取值为会员和非会员中的任意一个，故该列也是分类型数据。此外，仅取两种分类值的值称标志（flag）值，其数据类型称为布尔型。在程序中，布尔型取值为 True 或 False。

分类型和字符型、数值型的数据差别不大，而大多数情况下，程序以字符串和数值型形式读取数据。因此，为将数据作为分类型处理，需先将其转换为分类型。Python 中有分类型和布尔型，但 SQL 中只有布尔型。

3. 日期时间类型转换

（1）转换为日期时间型

日期时间型包括 timestamp（时间戳）和 datetime（日期时间）等数据类型。导入数据时，若导入的是日期时间型，则没有问题。但有时也会用“年、月、日、时间”

的字符串和UNIXTIME（表示从1970年1月1日开始以秒为单位的时间）的数值保存日期时间型，此时，须先将数据转换为日期时间型。

除日期时间型外，与时间相关的具有代表性数据类型还有日期型，即仅包含日期信息的数据类型。日期型对以天为单位的转换非常有用，如转换为节假日数据。

（2）转换为时间差

当有多个日期时间型数据时，通常要求日期时间数据间的日期时间差（年数差、月数差、周数差、天数差和时间差等）。例如，想了解从访问网站到买入商品所花费的时间，或预定日期与住宿日期间的天数差等。若不能明确为日期时间差值下定义，就无法清楚差值含义。比如，12：45：59和12：46：00间的分钟差是应忽略秒及其以后的值，将分钟差视为1（即46～45）分，还是应考虑秒及其以后的值，将分钟差视为0.016［即（60–59）/60］分？答案因具体场景不同有所不同。但是，月和年必须按前一种方式处理，因为月和年的长度不固定，不能作为单位使用。因闰年影响，每年的天数会因年份有所不同，且每个月的天数也会因具体月份不同。

（3）转换为季节

有些分析对象的特征会随季节的不同而相差较大，所以有时需要分析季节变化。虽然采用月数据也可表示季节，但需处理12种分类值。当分类数过多时，将难以掌握整体趋势，所以有时需基于季节而非月份进行分析。此时，将日期型数据转换为季节便非常有效。

（4）转为时间段

与上述的季节一样，有时也需按时间段进行分析。因将时刻直接作为分类值时，将产生24种分类值，所以在无法准备大量数据情况下，就需将时刻转换为时间段。与季节一样，此时要深入思考分析对象如何受时间段的影响，并考虑是否应按时间段处理。

（5）转换为工作日、休息日

人们在工作日和休息日的生活模式有很大差异，因此，以人类活动为对象进行数据分析时，必须考虑工作日和休息日。为将日期分为工作日和休息日，除提取周末外，还须提取出假期。一方面，必须考虑假期规则的复杂性，且每年都在变化。另一方面，因假期数量不多，所以手动创建主数据也很简单。

（6）位置信息转换

位置信息基础是地理坐标系。我国曾采用 1954 北京坐标系和 1980 西安坐标系作为国家大地坐标系，但随着科技进步，特别是 GPS、北斗定位技术和新的大地测量技术的发展，因原有两种坐标系并非基于以地球质量中心为原点的坐标系统，故不能适应新时期国民经济和科学发展的需要。因此，需建立以地球质量中心为原点的新型坐标系统，即地心坐标系统，以满足我国建设地理空间信息框架及各行业需求。

我国科学家经过多年努力，建立了国家地心大地坐标系，即 CGCS2000。自 2018 年 7 月 1 日起，中国正式启用 CGCS2000，并将我国全面启用新坐标系的过渡期定为 8~10 年。原有基础地理信息 4D 数据，采用的坐标框架包括 1954 北京坐标系、1980 西安坐标系，同时各地方还采用地方坐标系作为基础地理信息数据的坐标框架。要实现将各种成果坐标框架统一到 CGCS2000 坐标框架下，需将原有成果进行坐标转换，即将原有成果坐标系转换到 CGCS2000。

（二）数据文件格式转换

数据文件格式转换可用来处理文本类型的数据文件，比如，电子表格或 JSON 文件，需把从文件中读取出来的数据再次以某种方法进行进一步加工。

JSON 和 CSV 是最常见的两种数据标准，JSON 数据一般作为 Web API 的数据传输格式，CSV 常作为存储结构化数据的离线文件。使用 Python 可实现 JSON 文件与 CSV 文件的相互转换。

五、数据归约及变换

（一）数据归约

在较大规模数据集上进行复杂分析、建模和挖掘需付出较多算力和时间代价，而数据分析过程往往伴随着探索性分析和反复试验。因此，数据归约是在保持原始数据特征分布完整性的前提下，尽可能对数据进行精减，以产生规模更小的数据集，从而达到更高效分析和使用数据的目的。

1. 属性归约

属性归约通过对属性删除或合并来减少属性数量，从而提高数据分析效率，降低分析难度和计算代价。属性的删除和合并均需采取一定策略，以保证新数据集与原始数据集的概率分布尽量接近，即保留更优属性，除去更差属性。

2. 数值归约

数值归约通过选择较小数据替代原始数据，以实现数据量的减少，包括有参数方法和无参数方法两类。

有参数方法是使用参数模型评估数据。使用该参数模型作为归约后的结果，无须存储实际数据，如简单线性回归、对数线性模型等。

无参数方法可存放实际数据，如直方图法、聚类法、采样法等。

（二）数据变换

数据变换主要对原始数据进行系列操作，以将原始数据转换成符合分析任务要求的合适形式。因此，可将数据变换视为在对数据进行规范化处理。

1. 简单函数变换

对原始数据进行基于数学函数的变换，如取对数、开方运算等。将不具有正态分布的数据变换成具有正态分布的数据；在时间序列分析中，有时简单的对数变换或差分运算就可将非平稳序列变换成平稳序列；可使用对数变换对数据区间进行压缩。

2. 数据规范化

（1）最大 - 最小值法

对原始数据进行线性变换，将数值映射到［0，1］，公式如下：

$$x' = \frac{x - \min}{\max - \min}$$

式中，max 和 min 分别是目标属性的最大值和最小值。

该方法的优点是可保留数据中的原始关系，且是用简单的计算方法消除量纲和数据取值范围对数据分析的影响。然而，数据规范化方法存在一定缺陷，即只能在已知最大值和最小值的数据范围内生效。当遇到超过目前属性取值范围时，该方法将面临越界错误，需重新定义 min 和 max。

（2）零均值法

零均值法又称分数法（z-score），经处理的数据均值为 0，方差为 1。公式如下：

$$x^{*} = \frac{x - \bar{x}}{\sigma}$$

式中，$\bar{x}$为原始数据均值，σ为原始数据标准差。

（3）小数定标规范化法

小数定标规范化法通过移动某个属性所有数值的小数点位置实现规范化。小数点的移动位数依赖于该属性绝对值的最大值。公式如下：

$$x^* = \frac{x}{10^k}$$

式中，k 是让 max（$|x^*|$）<1 的最小整数。

3. 连续数值离散化

在一些分析和建模过程中，需对连续数值进行离散化。常用离散化方法包括等宽法、等频法、聚类法等。

（1）等宽法

等宽法是指将属性值域分成具有相同宽度的区间，以实现将所有连续数值划分到有限数量的区间段中。该类实现方式非常简单，但数值在不同区间内的分布并不均匀。

（2）等频法

对数据均匀分布有较高要求的数据分析场景，可使用等频法，即以每个区间内数据个数相同为依据，进行区间划分。

（3）聚类法

使用聚类算法对属性连续数值进行聚类，然后将所有数值按聚类得到的簇中心进行分组，并标记每个数值所属类别，以实现数据离散化。通常聚类算法需指定聚类中心个数。

六、数据预处理项目案例

数据预处理项目案例按项目工程思想，主要对数据结构和数据值两方面存在的问题和预期目标，灵活运用数据清洗、数据整合、数据转换、数据归约等方法进行处理和操作。

（一）案例说明

2020 年 11 月，公司 A 决定上线一款大数据应用 B，以对电影票销售情况进行深入分析和洞察，从而为各影院的排片和定价提供决策支持。其通过自行采集、购买数据、网络爬虫等方式获取电影票销售相关数据，包括影片、影院、排片、用户、支付、评价、演职人员等数据，如图 5–2 所示。为更好地进行后续大数据处理和大数据分析，必须对数据进行预处理。

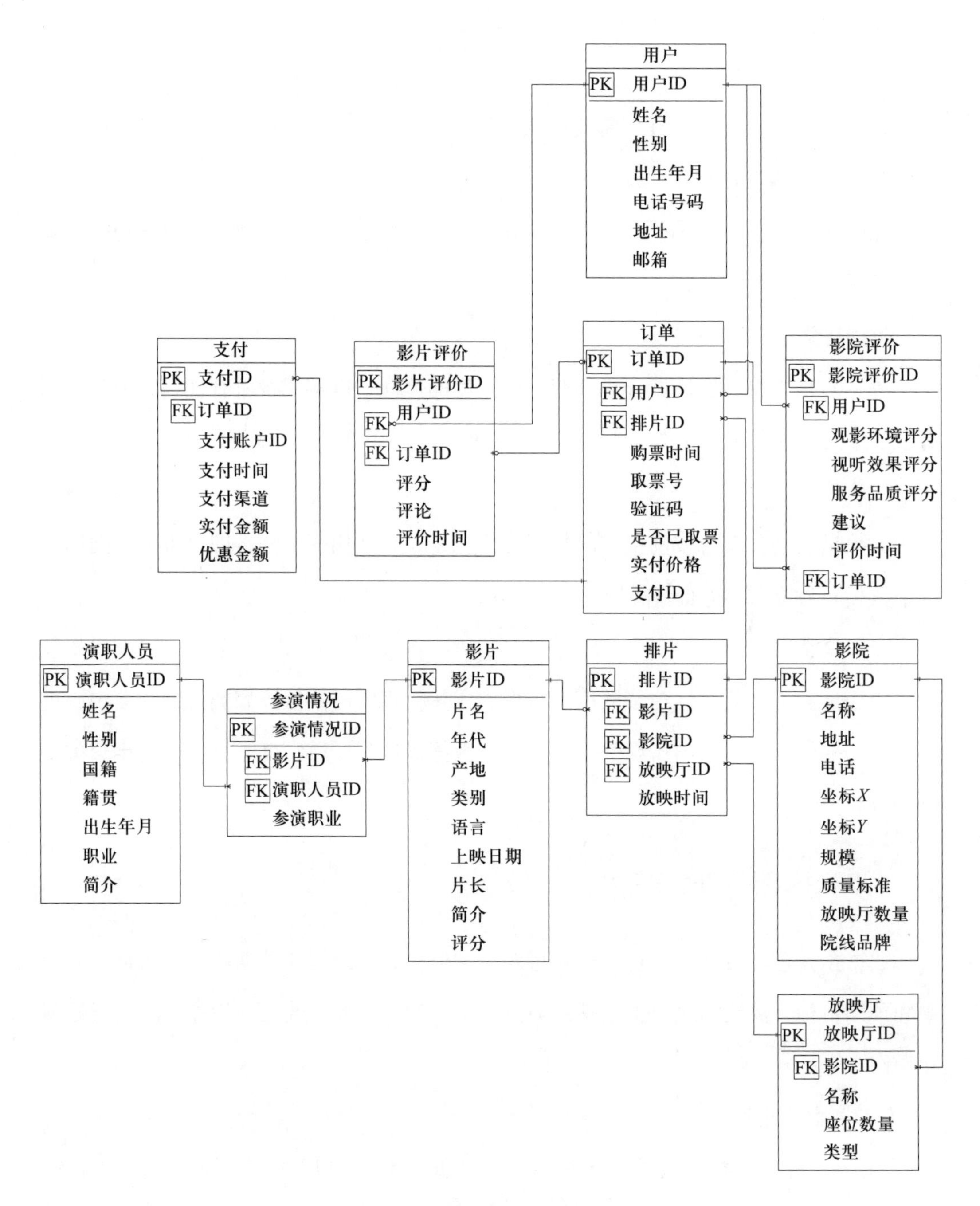

图 5–2　数据实体关系（ER 图）

预处理结果要求存放在公司 A 的 PostgreSQL 数据库中，公司 A 具有较完善的业务术语表和数据字典规范，建议使用 SQL 和 Python。

（二）案例分析

该案例是对多渠道收集的数据进行预处理的典型案例。一般应先进行数据结构预处理，后进行数据值预处理。

1. 数据结构预处理

（1）数据提取

数据量越大，计算机处理起来就越慢，而适当的数据提取既能减少后续要处理的数据量，又能避免毫无价值的处理操作。

以根据指定条件提取数据为例，在 SQL 中除筛选条件便于修改，还必须关注筛选条件如何设置，特别是索引设置问题。而在添加适当索引后，尤其是在数据体积非常大时，计算机访问的数据体积会减小。

例如，对 2020 年 11 月 29 日至 2021 年 3 月 10 日期间上映的影片销售情况进行分析，SQL 代码如下：

```
1.  SELECT   *
2.  FROM   work. filmschedule   tb
3.  --  提取   show_date   在   2020-11-29   至   2021-03-10   间的数据
4.  WHERE   show_date   BETWEEN   '2020-11-29'   AND   '2021-03-10'
```

（2）数据连接

根据公司 A 的业务术语表和数据字典规范要求，可将数据分别放置在不同表中，但为了后续大数据处理和大数据分析，往往需进行反范式处理，即将数据汇总到一张表中，虽然数据会冗余，但是大大提升了计算效率。

最常见的是资源信息与业务事件信息连接，或叫主表与记录表连接。具体来说，就是优先进行过滤和压缩，然后再进行连接。

例如，现将排片和订单进行连接，以获取 2020 年 11 月 29 日至 2021 年 3 月 10 日上映的影片票价数据，SQL 代码如下：

```
1.  SELECT
2.  -- 提取所需的列
3.  pay.id, pay.real_pay, pay.pay_time, pay.user_id,
4.  fs.id, fs.film_id, fs.show_date
5.  FROM work.payment pay
6.  JOIN filmschedule fs
7.  ON pay.file_shedule_id = fs.id
8.  -- 从主表中仅提取 show_date 在 2020-11-29 至 2021-03-10 的数据
9.  AND WHERE fs.show_date BETWEEN '2020-11-29' AND '2021-03-10'
```

若两个表之间无须连接而只是提取（过滤），则应使用的 SQL 关键字是 EXISTS 而非 JOIN。

（3）数据聚合

数据聚合可在非常小的数据损失下，完成对数据特征的提取。应用界面呈现的数据量，或说用户可掌握的数据量都是有限的，而通过数据聚合，能从宏观和整体上更好地掌握数据特征，特别是当分析的视角比数据记录本身要大时，需将数据记录转换为尺度更大的记录。

聚合的具体实现方法一般先通过 GROUP BY 指定需聚合的字段，再利用聚合函数（SUM、COUNT、MAX、MIN、AVG 等）表达结果。

比如，完成数据连接后，统计每一部影片的平均票价，SQL 代码如下：

```
1.  WITH fs_and_pay_tb AS(
2.  SELECT
3.  -- 提取所需的列
4.  pay.id, pay.real_pay, pay.pay_time, pay.user_id,
5.  fs.id, fs.film_id, fs.show_date
6.  FROM work.payment pay
```

```
7.  JOIN work.filmschedule fs
8.  ON pay.file_shedule_id = fs.id
9.  -- 从主表中仅提取 show_date 在 2020-11-29 至 2021-03-10 的数据
10. AND WHERE fs.show_date BETWEEN '2020-11-29' AND '2021-03-10'
11. )
12. SELECT
13. -- 提取聚合单元：排片表 ID
14. fs_id,
15. AVG(real_pay) AS pay_AVG
16. FROM work.fs_and_pay_tb
17. -- 用 GROUP BY 语句将 fs_id 指定为聚合单元
18. GROUP BY fs_id
```

（4）行列转换

进行数据预处理中，有时需以数据初始记录方式显示成为纵向表格（纵表），有时需以报表方式显示成为横向表格（横表）。一般来说，在纵表中，数据的行较多，列较少；在横表中，数据的行较少，列较多，如图 5–3 所示。

纵向显示

年代	性别	人数
20	男性	50
20	女性	37
30	男性	64
30	女性	68
40	男性	57
40	女性	49

横向显示

年代	男性人数	女性人数
20	50	37
30	64	68
40	57	49

图 5–3　纵向横向显示

完成数据聚合后，数据通常仍是纵向显示，为便于用户从结果中发现特征，往往需执行行列转换，即将纵表转换为横表。

比如，完成数据聚合后，需呈现同一部影片上映后每天观影人数所处的阶梯。因SQL中没有提供简单方便的行列转换函数，故不得不采用多次书写CASE（或其变体）。但Python中pandas库提供的pivot_table函数则非常适合该场景。

SQL代码如下：

```
1.  WITH film_pay_tb AS(
2.  SELECT
3.  film_id, people_num,
4.  COUNT(id) AS cnt
5.  FROM work.film_and_pay_tb
6.  GROUP BY film_id, people_num
7.  )
8.  SELECT
9.  film_id,
10. max(CASE people_num WHEN 1 THEN cnt ELSE 0 END) AS people_num_1,
11. max(CASE people_num WHEN 2 THEN cnt ELSE 0 END) AS people_num_2,
12. max(CASE people_num WHEN 3 THEN cnt ELSE 0 END) AS people_num_3
13. FROM work.film_pay_tb
14. GROUP BY film_id
```

Python代码如下：

```
1. import pandas as pd
2. from preprocess.load_data.data_loader import load_film_pay
3. customer_tb, film_tb, film_and_pay_tb = load_film_pay()
4. # 用pivot_table同时实现行列转换和数据聚合
5. # 向aggfunc参数指定用于计算人数规模的函数
```

```
6.  pd.pivot_table(film_and_pay_tb , index='film_id', columns='people_num',
7.                    values='id',
8.                    aggfunc=lambda x: len(x), fill_value=0)
```

2. 数据值预处理

（1）数值型转换

PostgreSQL 数据库中的数据转换可使用函数 cast 函数。SQL 代码如下：

```
1.  --cast 类型转换
2.  -- 转换为整数型
3.  SELECT CAST
4.         (( 10000.0 / 7 ) AS int2 ) AS v_int2,
5.         CAST (( 10000.0 / 7 ) AS int4 ) AS v_int4,
6.         CAST (( 10000.0 / 7 ) AS int8 ) AS v_int8;
7.  -- 转换为浮点型
8.  SELECT CAST
9.         (( 10000.0 / 7 ) AS float4 ) AS v_float4,
10.        CAST (( 10000.0 / 7 ) AS float8 ) AS v_float8;
11. --:: 类型转换
12. -- 转换为整型
13. SELECT
14.        ( 10000.0 / 7 ) :: int2 AS v_int2,
15.        ( 10000.0 / 7 ) :: int4 AS v_int4,
16.        ( 10000.0 / 7 ) :: int8 AS v_int8;
17. -- 转换为浮点型
```

```
18. SELECT
19.         ( 10000.0 / 7 ) :: float4 AS v_float4,
20.         ( 10000.0 / 7 ) :: float8 AS v_float8;
```

Python 中的数值型包括 int 和 float，int 是整数型，float 是浮点型，而用于表示数据的比特数是根据系统环境自动选择，或是 4 字节（32 比特），或是 8 字节（64 比特）。此外，pandas（NumPy）库中能设置指定比特数的 int 和 float 数据类型。Python 代码如下：

```
1.  # 确认数据类型
2.  type(10000 / 7)
3.  # 转换为整数型
4.  int(10000 / 7)
5.  # 转换为浮点型
6.  float(10000 / 7)
7.
8.  f = pd.DataFrame({'value': [10000 / 7]})
9.  # 确认数据类型
10.         df.dtypes
11.         # 转换为整数型
12.         df['value'].astype('int8')
13.         df['value'].astype('int16')
14.         df['value'].astype('int32')
15.         df['value'].astype('int64')
16.         # 转换为浮点型
17.         df['value'].astype('float16')
18.         df['value'].astype('float32')
19.         df['value'].astype('float64')
```

```
20.         df['value'].astype('float128')
21.         # 可按如下方式指定 Python 的数据类型
22.         df['value'].astype(int)
23.         df['value'].astype(float)
```

（2）分类型转换

虽然 SQL 中没有以数据类型的形式提供分类型，但可按数据值种类赋相应 ID 来模拟分类型。SQL 代码如下：

```
1.  -- 生成 SEX 列分类的主表
2.  WITH sex_mst AS ( SELECT sex, ROW_NUMBER () OVER () AS sex_
    mst_id FROM WORK.customer_tb GROUP BY sex ) SELECT
3.  base.*,
4.  s_mst.sex_mst_id
5.  FROM
6.          WORK.customer_tb base
7.          INNER JOIN sex_mst s_mst ON base.sex = s_mst.sex
```

Python 提供 bool 类型作为布尔型，提供 category 类型作为分类型。通过在 astype 函数中指定 'bool' 或 'category'，即可实现相应转换。

Python 代码如下：

```
1.    # 添加布尔型的列，当 sex 的值为 man 时，该列元素值为 TRUE
2.    # 即使本段代码中不用 astype 函数，sex 也会被转换为布尔型
3.    customer_tb[['sex_is_man']] = (customer_tb[['sex']] == 'man').astype
      ('bool')
4.    # 将 sex 转换为分类型
5.    customer_tb['sex_c'] = \
6.    pd.Categorical(customer_tb['sex'], categories=['man', 'woman'])
```

```
7.     # astype 函数也可实现分类型的转换
8.     # customer_tb['sex_c'] = customer_tb['sex_c'].astype('category')
9.     # 索引数据存储在 codes 中
10. customer_tb['sex_c'].cat.codes
11. # 主数据存储在 categories 中
12. customer_tb['sex_c'].cat.categories
```

（3）日期时间类型转换

1）转换为日期时间型

SQL 支持日期时间型和日期型。此外，SQL 还有在 timestamp 中添加由 timezone（时区）信息构成的 timestamptz 类型。SQL 代码如下：

```
1.  SELECT
2.  -- 转换为 timestamptz 类型
3.  select to_timestamp('2018-03-12 18:47:35', 'yyyy-MM-dd hh24:mi:ss')
4.  select to_timestamp('2018-03-12 18:47:35', 'yyyy-MM-
    dd hh24:mi:ss')::timestamptz
5.  TO_TIMESTAMP(reserve_datetime, 'YYYY-MM-DD HH24:MI:SS')
6.  AS reserve_datetime_timestamptz,
7.  -- 转换为 timestamptz 后，再将其转换为 timestamp
8.  CAST(
9.  TO_TIMESTAMP(reserve_datetime, 'YYYY-MM-DD HH24:MI:SS') AS TIMESTAMP
10. ) AS reserve_datetime_timestamp,
11. -- 将日期和时间的字符串拼接，然后转换为 TIMESTAMP
12. TO_TIMESTAMP(checkin_date || checkin_time, 'YYYY-MM-DD HH24:MI:SS')
13. AS checkin_timestamptz,
14. -- 将日期时间字符串转换为日期型（时间信息在转换后删除）
```

```
15. TO_DATE(reserve_datetime, 'YYYY-MM-DD HH24:MI:SS') AS reserve_date,
16. -- 将日期字符串转换为日期型
17. TO_DATE(checkin_date, 'YYYY-MM-DD') AS checkin_date
18. FROM work.reserve_tb
```

虽然 Python 中有各种日期时间型，但通常使用 datetime64［ns］类型就已足够，“［］”内的字符表示日期时间涉及的最小单位。虽然日期型也能指定 datetime64［D］类型，但通常会不方便，比如，无法由 datetime64［ns］转换为 datetime64［D］等，故先转换为 datetime64［ns］类型，再获取日期和时间会更方便。Python 代码如下：

```
1. # 通过 to_datetime 函数转换为 datetime64[ns] 类型
2. pd.to_datetime(reserve_tb['reserve_datetime'], format='%Y-%m-%d
   %H:%M:%S')
3. pd.to_datetime(reserve_tb['checkin_date'] + reserve_tb['checkin_time'],
4. format='%Y-%m-%d %H:%M:%S')
5. # 从 datetime64[ns] 类型获取日期信息
6. pd.to_datetime(reserve_tb['reserve_datetime'],
7. format='%Y-%m-%d %H:%M:%S').dt.date
8. pd.to_datetime(reserve_tb['checkin_date'], format='%Y-%m-%d').dt.date
```

2）转换为年、月、日、时、分、秒、星期

SQL 提供了用于获取特定日期元素的 DATE_PART 函数和用于转换为指定字符串的 TO_CHAR 函数。若只需获取 1 个特定日期元素，最好使用 DATE_PART 函数。SQL 代码如下：

```
1. WITH tmp_log AS(
2.         SELECT
3.             CAST(
```

```
4.              TO_TIMESTAMP(reserve_datetime, 'YYYY-MM-
    DD HH24:MI:SS') AS TIMESTAMP
5.          ) AS reserve_datetime_timestamp,
6.          FROM work.reserve_tb
7.  )
8.  SELECT
9.          -- DATE 类型可使用 DATE_PART 函数
10.         -- TIMESTAMPTZ 类型不可使用 DATE_PART 函数
11.         -- 获取年份
12.         DATE_PART(year, reserve_datetime_timestamp)
13.             AS reserve_datetime_year,
14.     -- 获取月份
15.         DATE_PART(month, reserve_datetime_timestamp)
16.             AS reserve_datetime_month,
17.     -- 获取日期
18.         DATE_PART(day, reserve_datetime_timestamp)
19.             AS reserve_datetime_day,
20.     -- 获取星期 (0= 星期日，1= 星期一 )
21.         DATE_PART(dow, reserve_datetime_timestamp)
22.             AS reserve_datetime_day,
23.     -- 获取时间中的时
24.         DATE_PART(hour, reserve_datetime_timestamp)
25.             AS reserve_datetime_hour,
26.     -- 获取时间中的分
27.         DATE_PART(minute, reserve_datetime_timestamp)
28.             AS reserve_datetime_minute,
```

```
29.     -- 获取时间中的秒
30.         DATE_PART(second, reserve_datetime_timestamp)
31.             AS reserve_datetime_second,
32.     -- 转换为指定格式的字符串
33.         TO_CHAR(reserve_datetime_timestamp, 'YYYY-MM-DD HH24:MI:SS')
34.             AS reserve_datetime_char
35. FROM tmp_log
```

datetime64［ns］类型是将日期时间元素存在数据中，因此，可直接获取其中存储的日期时间元素。此外，使用 strftime 函数可将数据转换为指定格式的字符串。因列中 dt 对象同时包含了日期时间元素和 strftime 函数调用，所以，可通过 dt 对象调用相关函数。Python 代码如下：

```
1.  import pandas as pd
2.  from preprocess.load_data.data_loader import load_hotel_reserve
3.  customer_tb, hotel_tb, reserve_tb = load_hotel_reserve()
4.  # 将 reserve_datetime 转换为 datetime64[ns] 类型
5.  reserve_tb['reserve_datetime'] = \
6.      pd.to_datetime(reserve_tb['reserve_datetime'], format='%Y-%m-%d
%H:%M:%S')
7.  # 获取年份
8.  reserve_tb['reserve_datetime'].dt.year
9.  # 获取月份
10. reserve_tb['reserve_datetime'].dt.month
11. # 获取日期
12. reserve_tb['reserve_datetime'].dt.day
```

```
13. # 以数值形式获取星期 (0= 星期日 ,1= 星期一 )
14. reserve_tb['reserve_datetime'].dt.dayofweek
15. # 获取时间中的时
16. reserve_tb['reserve_datetime'].dt.hour
17. # 获取时间中的分
18. reserve_tb['reserve_datetime'].dt.minute
19. # 获取时间中的秒
20. reserve_tb['reserve_datetime'].dt.second
21. # 转换为指定格式的字符串
22. reserve_tb['reserve_datetime'].dt.strftime('%Y-%m-%d  %H:%M:%S')
```

3）转换为日期时间差

可使用 DATEDIFF 函数，不过，需注意 DATEDIFF 函数不进行单位换算，而是直接将指定单位及其以下的日期时间元素省略，然后计算差值（2015 年 12 月 31 日和 2016 年 1 月 1 日的年份差值为 1 年，但 2016 年 1 月 1 日和 2016 年 12 月 31 日的年份差值为 0 年）。SQL 代码如下：

```
1.  with  tmp_log  as(
2.      select
3.          -- 将 reserve_datetime 转换为 timestamp 类型
4.          cast(
5.              to_timestamp(reserve_datetime,  'yyyy-mm-
    dd  hh24:mi:ss')  as  timestamp
6.          )  as  reserve_datetime,
7.          -- 将 checkin_datetime 转换为 timestamp 类型
8.          cast(
9.              to_timestamp(checkin_date  ||  checkin_time,  'yyyy-mm-
    dd  hh24:mi:ss')
```

```
10.             as  timestamp
11.         ) as  checkin_datetime
12.     from  work.reserve_tb
13. )
14. select
15.     -- 计算年份差（不考虑月及其以后的日期时间元素）
16.       datediff(year,  reserve_datetime,  checkin_datetime)  as  diff_year,
17.     -- 获取月份差（不考虑天及其以后的日期时间元素）
18.       datediff(month,  reserve_datetime,  checkin_datetime)  as  diff_month,
19.     -- 下面 3 个不属于例题要求，仅供参考
20.     -- 计算天数差值（不考虑小时及其以后的日期时间元素）
21.       datediff(day,  reserve_datetime,  checkin_datetime)  as  diff_day,
22.     -- 计算小时数差值（不考虑分钟及其以后的日期时间元素）
23.       datediff(hour,  reserve_datetime,  checkin_datetime)  as  diff_hour,
24.     -- 计算分钟数的差值（不考虑秒及其以下的日期时间元素）
25.       datediff(minute,  reserve_datetime,  checkin_datetime)  as  diff_minute,
26.     -- 以天为单位计算差值
27.       cast(datediff(second,  reserve_datetime,  checkin_datetime)  as  float)
  /
28.       (60  *  60  *  24)  as  diff_day2,
29.     -- 以时为单位计算差值
30.     cast(datediff(second,  reserve_datetime,  checkin_datetime)  as  float)
  /
31.       (60  *  60)  as  diff_hour2,
32.     -- 以分为单位计算差值
33.     cast(datediff(second,  reserve_datetime,  checkin_datetime)  as  float)  /
```

```
34.          60  as  diff_minute2,
35.      -- 以秒为单位计算差值
36.          datediff(second,  reserve_datetime,  checkin_datetime)  as  diff_second
37.  from  tmp_log
```

若将 datetime64［ns］类型数据相减，则会返回 datetime64［ns］类型并分解为日、时、分、秒后的差值数据。若只是想得到差值，只需进行减法运算。若想将差值转换为以日、时、分、秒为单位的数据，则通过 astype 函数将其转换为 timedelta64［D/h/m/s］类型即可实现。Python 代码如下：

```
1.   import  pandas  as  pd
2.   from  preprocess.load_data.data_loader  import  load_hotel_reserve
3.   customer_tb,  hotel_tb,  reserve_tb  =  load_hotel_reserve()
4.   #  本书刊登内容如下
5.   #  将 reserve_datetime 转换为 datetime64[ns] 类型
6.   reserve_tb['reserve_datetime']  =  \
7.      pd.to_datetime(reserve_tb['reserve_datetime'],    format='%Y-%m-%d
     %H:%M:%S')
8.   #  将 checkin_datetime 转换为 datetime64[ns] 类型
9.   reserve_tb['checkin_datetime']  =  \
10.      pd.to_datetime(reserve_tb['checkin_date']  +  reserve_tb['checkin_time'],
11.                                      format='%Y-%m-%d%H:%M:%S')
12.  #  计算年份差(不考虑月及其以后的日期时间元素)
13.  reserve_tb['reserve_datetime'].dt.year  -  \
14.  reserve_tb['checkin_datetime'].dt.year
15.  #  获取月份差(不考虑天及其以后的日期时间元素)
16.  (reserve_tb['reserve_datetime'].dt.year  *  12  +
17.    reserve_tb['reserve_datetime'].dt.month)  \
```

```
18.    - (reserve_tb['checkin_datetime'].dt.year  *  12  +
19.          reserve_tb['checkin_datetime'].dt.month)
20.  #  以天为单位计算差值
21.  (reserve_tb['reserve_datetime']  -  reserve_tb['checkin_datetime'])  \
22.      .astype('timedelta64[D]')
23.  #  以天为单位计算差值
24.  (reserve_tb['reserve_datetime']  -  reserve_tb['checkin_datetime'])  \
25.      .astype('timedelta64[h]')
26.  #  以天为单位计算差值
27.  (reserve_tb['reserve_datetime']  -  reserve_tb['checkin_datetime'])  \
28.      .astype('timedelta64[m]')
29.  #  以天为单位计算差值
30.  (reserve_tb['reserve_datetime']  -  reserve_tb['checkin_datetime'])  \
31.      .astype('timedelta64[s]')
```

（4）文本数据处理

PostgreSQL 数据库和 Python 字符处理函数有很多，下面主要介绍部分常用函数，其他函数可查阅相关官方网站学习。

1）字符拆分

PostgreSQL 数据库中的文本处理函数，可将字符拆分成列表或数组。SQL 代码如下：

```
1.  ----- 返回拆分后的所有字符 ---------------------
2.  select  regexp_split_to_table(' 南山南 @hhhh@jjj','@');
3.  ------ 指定字符 , 分隔符 , 序号 , 返回分割字符 -----------------
4.  select  split_part(' 南山南 $hhhh$jjj','$',5);
5.  ------ 字符分割后串 = 转为数组 ------------------------------
6.  select  regexp_split_to_array(' 沪霍线  娄江快速路  星湖街  娄江大道 ','  ');
```

2）字符拼接

进行文本数据处理时，有时需对某些文本字段或其中字符与其他字段或字符进行拼接。SQL 代码如下：

```
1.  -- 方法 1 通过 '||' 连接
2.  select 'data ' || 'contact' as newname#
3.  -- 方法 2 通过 concat() 函数
4.  select concat('data',' ', 'contact', ' !')
5.  -- 方法 3 concat_ws() 以第 1 个参数作为分隔符 , 连接其他参数
6.  select concat_ws('#', 'data', 'contact', ' !')
```

Python 代码如下：

```
1.  # 方法 1
2.  print(' 方法 2 通过 "+" 形式连接 :' + 'data'+'contact' + '\n')
3.  # 方法 2
4.  print(' 方法 2 通过逗号形式连接 :' + 'data', 'contact' + '\n')
5.  # 方法 3
6.  print(' 方法 3 通过直接连接形式连接 （一） :' + 'data''contact' + '\n')
7.  # 方法 4
8.  print(' 方法 4 通过格式化形式连接 :
    ' + '%s %s' % ('data', 'contact') + '\n')
9.  # 方法 5
10. str_list = ['data', 'contact']
11. print(' 方法 5 通过 join 形式连接 :' + ''.join(str_list) + '\n')
```

3）字符替换

将错误字符或不需要的字符替换成目标数据。

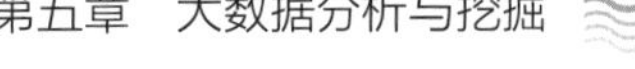

SQL 代码如下：

```
1.    select    replace('data+replace','+','')
```

Python 代码如下：

```
1.    #!/usr/bin/python
2.    str="dataprocess!!!";
3.    printstr.replace("!",".");
4.    printstr.replace("!",".",2);
```

第二节　数据分析

数据分析是大数据智能化应用项目中不可或缺的数据价值挖掘手段，大数据智能应用项目中有很多数据结论是通过数据分析得出的。

本节介绍大数据分析项目中数据分析方法发挥的作用、如何进行数据分析工作及在实际项目中不同数据分析方法的应用场景，并对不同数据分析算法，以实际案例介绍如何使用 Python 编程语言。

一、数据分析方法概论

（一）数据分析概念及价值

1. 数据分析概念

数据分析是指用适当统计分析方法对收集的大量数据进行分析，并将其加以汇总、理解及消化，以求最大化开发数据功能、发挥数据作用。数据分析核心目的是把隐藏在大批看似杂乱无章数据背后的信息集中和提炼出来，并总结出研究对象内在规律，以帮助管理者进行判断和决策，并采取适当策略与行动。

数据分析是为提取有用信息和形成结论而对数据加以详细研究和概括总结的过程。此处数据也称观测值，是通过实验、测量、观察、调查等方式获取的结果，常以数量形式展现。

2. 数据分析价值

数据分析价值体现在以下几个方面：

（1）通过数据分析，可及时纠正不当的生产和营销措施。

（2）通过数据分析，可对计划进度做到实时跟踪。

（3）通过数据分析，可及时了解成本管控情况，掌握员工思想动态。

（4）完善的数据管理和分析，可对生产流程进行科学管理，最大限度降低生产管理风险。

3. 数据分析作用

数据分析可最大化开发数据功能、发挥数据作用。在商业领域，数据分析有助于企业进行判断和决策，以便采取相应策略与行动。数据分析在企业日常经营分析中主要有三大作用。

（1）现状分析。分析数据中隐藏的当前现状信息。例如，可通过相关业务中各指标的完成情况判断企业目前运营情况。

（2）原因分析。分析现状发生及存在的原因。例如，企业运营中的较好方面及较差方面都由哪些原因引起，并指导做出决策，对相关策略进行调整和优化。

（3）预测分析。预测分析将来会发生什么。根据以往数据，对企业未来发展趋势做出预测，并为制定企业运营目标及策略提供有效参考与决策依据。一般可通过专题分析完成。

4. 数据分析与数据挖掘的区别与联系

数据分析人员需理解业务核心指标，通过数据分析工具对业务数据进行建模和分析，为相关业务指标提供基于数据的解决方案。所以，数据分析人员要求具备扎实的统计学功底并对数据敏感。数据挖掘人员需研究数据，试验和选择合适的机器学习相关算法模型，并对数据进行建模和分析，最后在实际系统中将算法模型进行高性能的工程实现。所以，数据挖掘人员要同时具备深厚的机器学习功底和扎实的编程能力。

数据分析与数据挖掘并非相互独立。数据分析通常直接从数据库取出已有信息，进行统计、可视化等，并生成一份研究报告，以此辅助决策。但很多时候，该分析并不能实现智能应用目标。若要分析已有信息背后隐藏的信息，则需数据挖掘工作，以更深入剖析其隐藏的信息和知识。

（二）数据分析方法及应用

1. 数据分析方法及其应用场景

数据分析用到的技术或思路与科学研究一致。或者说，数据分析随科学研究进展而诞生，科学研究需数据分析方法给出较准确的判断思路。科学研究主要目的是描述、解释、控制和预测人与万事万物发展变化的规律，但事物的发展变化，除必然性外，还隐藏着偶然性。而数据分析就是说明偶然性的大小。

常见数据分析方法如下：

（1）描述统计

1）频数分析。主要用于数据清洗、调查结果问答等。

2）数据探查。主要从统计角度查看统计量评估数据分布，主要用于异常值侦测、正态分布检验、数据分段、分位点测算等。

3）交叉表分析。主要用于分析报告、分析数据源等。

（2）假设检验

具有代表性的假设检验方法是T检验，主要用来比较两个总体均值差异是否显著。

（3）方差分析

方差分析用于超过两个总体的均值检验，也常用于实验设计后的检验问题。

方差分析主要用途如下：均数差别的显著性检验，分离各有关因素并估计其对总变异的作用，分析因素间的交互作用，方差齐性检验。

在科学实验中，常要探讨不同实验条件或处理方法对实验结果的影响。通常比较不同实验条件下样本均值间的差异。例如，医学界研究不同药物对某种疾病的疗效，农学界研究土壤、肥料、日照时间等因素对某种农作物产量的影响，不同化学药剂对作物害虫的杀虫效果等，都可使用方差分析方法。

（4）相关性分析

相关性分析是指对两个或两个以上具备相关性变量的元素进行分析，以衡量两个变量因素的相关密切程度。相关性元素间需存在一定联系，才可进行相关性分析。

相关性不等于因果性，也不是简单的个性化，相关性的范围和领域几乎覆盖了我们见到的方方面面，相关性在不同学科的定义也有很大差异。

（5）回归分析

回归分析是指确定两种或两种以上变量间相互依赖定量关系的一种统计分析方法。按涉及变量多少，回归分析分为一元回归和多元回归分析；按因变量多少，回归分析分为简单回归分析和多重回归分析；按自变量和因变量间的关系类型，回归分析分为线性回归分析和非线性回归分析。

回归分析是监督类分析方法，也是认识多变量分析最重要的基础方法，只有掌握了回归分析，才能进行多变量分析，其他方法很多都是变种。回归分析主要用于影响研究、满意度研究等。

（6）因子分析和主成分分析

因子分析和主成分分析是非监督类分析方法的代表。因子分析是认识多变量分析的基础方法，只有掌握因子分析，才能进入多因素相互关系研究，其主要用于消费者行为态度研究、价值观态度语句分析、市场细分前的因子聚类、问卷信度和效度检验等，因子分析也可看作数据预处理技术。主成分分析可消减变量、权重等，还可用作构建综合排名。主成分分析一般很少单独使用，可用来了解数据，或和聚类分析、判别分析一起使用。例如，当变量很多、个案数不多，直接使用判别分析可能无解时，可使用主成分分析对变量简化。另外，在多元回归中，主成分分析有助于判断是否存在共线性（条件指数），并可用来处理共线性。

（7）判别分析

已知某种事物有几种类型，现从各类型中各取一个样本，并利用这些样本设计一套标准，以使从该种事物中任取一个样本，便可按这套标准判别其类型，即判别分析。

判别分析是构建 Biplot 二元判别图的最好方法，主要用于分类和判别图，也是图示化技术的一种，在气候分类、农业区划、土地类型划分中有广泛应用。

（8）时间序列分析

时间序列分析是定量预测方法之一，其侧重研究数据序列的互相依赖关系，并可根据系统有限长度的运行记录（观察数据），建立能较精确反映序列中包含动态依存关系的数学模型，从而对系统未来进行预报。

时间序列分析常用于国民经济宏观控制、区域综合发展规划、企业经营管理、市场潜力预测、气象预报、水文预报、地震前兆预报、农作物病虫灾害预报、环境污染控制、生态平衡、天文学和海洋学等方面。时间序列分析主要涉及以下几方面：

1）系统描述。根据对系统进行观测得到的时间序列数据，用曲线拟合方法对系统进行客观描述。

2）系统分析。当观测值取自两个以上变量时，可用一个时间序列中的变化说明另一个时间序列中的变化，以深入了解给定时间序列产生的机理。

3）预测未来。一般用 ARMA 模型拟合时间序列，并预测该时间序列未来值。

4）决策和控制。根据时间序列模型，可调整输入变量，使系统发展过程保持在目标值上，即预测到过程要偏离目标时便可进行必要控制。

2. 数据分析实现步骤

数据分析实现步骤具体如下：

（1）确定分析目标与思路。通过对业务理解，以及对需求的调研与分析，明确数据分析目标，并确定分析方案。该阶段核心工作是结合实际业务情况，搭建分析框架，以确保数据分析维度完整性及分析结果的有效性、正确性。首先需对分析目标进行分解，将分析目标分解成若干个不同分解要点，即如何展开数据分析，需从哪些角度进行分析，针对不同分析点应采用什么样的指标。然后梳理分析思路，先分析什么，后分析什么，并确定各分析点间的逻辑关系。

（2）数据获取。数据获取是按确定的数据分析框架收集相关数据的过程，其为数据分析提供了素材和依据。根据不同分析目的，可有不同的数据来源，包括公开出版物、企业内部数据库、互联网数据、市场调查数据等。数据可以是直接获取的原始数据，也可以是经过加工后的数据。

（3）数据处理。数据处理是指对收集到的数据进行加工整理，以形成适合数据分析的样式。其基本目的是从大量杂乱无章、难以理解的数据中抽取并推导出对解决问题有价值、有意义的数据。主要方法包括数据清洗、数据转化、数据提取、数据计算等。一般原始数据需进行一定处理才能用于后续数据分析工作，因此，数据处理是数据分析基础。

（4）数据分析。数据分析是指用适当的分析方法及工具，对处理过的数据进行分析，并提取有价值的信息，从而形成有效结论的过程。

（5）数据展示。分析结论通常通过表格和图形方式呈现。常用数据图表包括饼图、柱形图、条形图、折线图、散点图、雷达图等，可通过对不同图表分析结果进行组合形成分析界面，对不同分析界面进行组合形成分析主题。数据展现可通过各种工具进行，如 Echarts 或其他 BI 工具。另外，Excel 图表工具也是很好的数据展现工具。

（6）结论报告。数据分析报告是对整个数据分析过程的总结与呈现。通过报告，可将数据分析的起因、过程、结果及建议完整呈现出来，以供决策者参考。

3. 数据分析方法在挖掘项目中的应用

对比数据分析和数据挖掘时，会发现它们之间并非相互独立。数据分析通常对历史数据进行一些统计、可视化等操作，并生成一份研究报告，以此辅助决策。但若深入探索为何会出现该结论，就会发现分析得并不透彻。所以，若要分析这些已有信息背后隐藏的信息，就需进行数据挖掘，并探索引起该结论的种种因素，以建立结论和

因素间的模型。而当因素有新值出现时，就可利用该模型预测可能产生的结论。因此，数据分析更像数据挖掘的中间过程。在实际挖掘项目建设过程中，数据分析应用场景有以下几个：

（1）用作数据质量校验。在数据挖掘项目过程中，对获取到的数据通常先进行数据质量校验。这是因为数据中的脏数据往往会影响建模效果和模型准确率，有时一些脏数据甚至对模型产生误导，使模型得到相反结论。此时就可利用数据分析中的描述统计分析，对原始数据进行探索分析，并根据探索分析结果进行指标质量控制。

（2）用作数据指标探索。通常在构建回归预测、分类预测等模型过程中，为避免过多指标对模型效率产生影响，同时也为防止不相关指标对模型产生干扰，往往需对指标进行探索分析。一方面，分析指标与指标间的相关性，并对相似指标进行过滤；另一方面，进行指标与目标变量间的相关性分析，并将其作为指标筛选依据，此时可使用相关性分析、方差分析、卡方检验等方法对指标关系进行探索。

（3）用作特征工程。在数据挖掘模型构建过程中，当特征选择完成后，就可直接训练模型，但因特征矩阵过大，故出现计算量大、训练时间长等问题，因此，降低特征矩阵维度必不可少。在各类数据分析方法中，主成分分析法（principal component analysis，PCA）和线性判别分析法（linear discriminant analysis，LDA）可用于特征降维。PCA 和 LDA 有很多相似点，其本质是将原始样本映射到维度更低的样本空间，但 PCA 和 LDA 的映射目标不一样，PCA 是为让映射后的样本具有最大发散性，而 LDA 是为让映射后的样本有最好的分类性能。

（三）数据分析主流工具

1. SPSS Statistics

SPSS Statistics 是世界上最早的统计分析软件，由美国斯坦福大学三名研究生于 20 世纪 60 年代末研制，其最突出特点是操作界面友好，输出结果美观。其采用类似 EXCEL 表格方式输入与管理数据，数据接口较为通用，能便捷地从其他数据库中读入数据。且其统计过程较为成熟，完全满足非统计专业人士的工作需要。因为 SPSS Statistics 容易操作、输出漂亮、功能齐全、价格合理，所以，很快应用于自然科学、技术科学、社会科学各个领域，世界上许多有影响的报刊纷纷就 SPSS Statistics 的自动统计绘图、数据的深入分析、使用方便、功能齐全等方面给予了高度评价与称赞。发展到今天，SPSS Statistics 软件全球约有几十万家产品用户，其分布于通信、医疗、银行、证券、保险、制造、商业、科研教育等多个领域，是世界上应用最广泛的专业统计软件。在国际学术界有条不成文的规定，即在国际学术交流中，凡是用 SPSS Statistics 软件完成的计算和统计分析，可不必说明算法。因此，其对非统计工作者是很好的选择。

2. SAS

SAS 是目前国际上最流行的大型统计分析系统之一，是模块化、集成化大型应用软件系统，被誉为统计分析的标准软件。其由数十个专用模块构成，功能包括数据访问、数据储存及管理、应用开发、图形处理、数据分析、报告编制、运筹学方法、计量经济学与预测等。SAS 提供了从基本统计数计算到各种试验设计的方差分析，相关回归分析及多变数分析的多种统计分析过程，几乎囊括最新分析方法，其分析技术先进、可靠，许多过程同时提供多种算法和选项；使用简便、操作灵活，其编程语句简洁、短小；结果输出以简明英文给出提示，统计术语规范易懂，具有初步英语和统计基础即可。使用者只需告诉 SAS“做什么”，不必告诉其“怎么做”。因此，SAS 被广泛应用于行政管理、科研、教育、生产和金融等不同领域，并发挥越来越重要的作用。目前 SAS 已在全球 100 多个国家和地区被使用，直接用户超过 300 万个。在我国，国家信息中心、国家统计局、中国科学院等都是 SAS 用户。尽管现在已尽量“傻瓜化”，但仍需一定训练才可使用。因此，该统计软件主要适合统计工作者和科研工作者使用。

3. EViews

EViews 是 econometrics views 的缩写，通常称计量经济学软件包，是在 Windows 操作系统中计量经济学软件里的世界性领导软件。其旨对社会经济关系与经济活动数量规律，采用计量经济学方法与技术进行“观察”。EViews 是在 Windows 下专门从事数据分析、回归分析和预测的工具。使用 EViews 可迅速从数据中找出统计关系，并用得到的关系预测数据未来值。EViews 处理的基本数据对象是时间序列，每个序列有一个名称，只要找到序列名称就可对序列中所有观察值进行操作。EViews 应用范围包括科学实验数据分析与评估、金融分析、宏观经济预测、仿真、销售预测和成本分析等。

4. R

R 用于统计分析和绘图的语言及操作环境。其是 GNU 系统中一个自由、免费、源代码开放的软件，是一个用于统计计算和统计制图的优秀工具。其功能包括数据存储和处理系统、数组运算工具（其向量、矩阵运算方面功能尤其强大）、完整连贯的统计分析工具、优秀统计制图等。R 对横截面数据、时间序列数据、面板数据都能处理。其编程语言简便而强大，可实现分支、循环及用户自定义功能。

R 用于统计分析的优势在于其是自由软件，意味着其是免费、开放源代码的，可在其网站及镜像中下载任何有关的安装程序、源代码、程序包及其源代码、文档资料；有异常丰富（有 1 万多个）可调用的“包”；作为开放的统计编程环境，其语法通俗易懂；具有很强的互动性，除图形输出是在另外的窗口，其输入 / 输出窗口都在同一个窗口进行；输入语法中若出现错误会马上在窗口中得到提示；对以前输入过的命令有记忆功能，可随时再现、编辑修改以满足用户需要。

5. Python

Python 是最受欢迎的程序设计语言之一，其提供高效的高级数据结构，能简单有效地实现面向对象编程。Python 语法和动态类型，以及解释型语言本质，已成为多数平台写脚本和快速开发应用的编程语言，且随着版本不断更新和语言新功能的添加，逐渐被用于独立、大型项目的开发。

Python 用于数据分析的优势包括以下几个方面：

（1）Python 完全免费，且众多开源科学计算库都提供了 Python 调用接口，例如，Python 有 3 个经典科学计算扩展库：NumPy、Pandas 和 Matplotlib，其分别为 Python 提供了快速数组处理、数值运算及绘图功能。

（2）用户可在任何计算机上免费安装 Python 及其绝大多数扩展库。

（3）Python 是一门更易学、更严谨的程序设计语言，其能让用户编写出更易读、易维护的代码。

（4）Python 有丰富的扩展库，可轻易完成各种高级任务，开发者可用 Python 实现完整应用程序所需的各种功能。

（5）Python 社区提供了大量第三方模块，使用方式与标准库类似，其功能无所不包，覆盖科学计算、Web 开发、数据库接口、图形系统多个领域，且大多成熟稳定。

因此，Python 语言及其众多扩展库构成的开发环境十分适合工程技术、科研人员处理实验数据、制作图表，甚至开发科学计算应用程序。

6. MATLAB

MATLAB 由美国 MathWorks 公司出品，其是 matrix 和 laboratory 两个词的组合，意为矩阵工厂（矩阵实验室），是一款以数学计算为主的高级编程软件，提供了各种强大的数组运算功能以对各种数据集合进行处理。因为 MATLAB 中所有数据都用数组表示和存储，所以其数据处理核心是矩阵和数组。MATLAB 将数值分析、矩阵计算、科学数据可视化及非线性动态系统建模和仿真等诸多强大功能，集成在易于使用的视窗环境，为科学研究、工程设计及必须进行有效数值计算的众多科学领域，提供全面解决方案，并在很大程度上摆脱了传统非交互式程序设计语言的编辑模式。在进行数据处理的同时，MATLAB 还提供了各种图形用户接口工具，便于用户进行各种应用程序开发。目前，MATLAB 主要用于数据分析、无线通信、深度学习、图像处理与计算机视觉、信号处理、量化金融与风险管理、机器人、控制系统等领域。

7. JMP

JMP 是 SAS 旗下的事业部，专注开发桌面环境交互式统计发现软件。JMP 发音为“jump（跳跃）”，寓意向交互式可视化数据分析这一新方向飞跃。SAS 联合创始人兼执行副总裁 John Sall 是这款动态软件的创造者，并一直担任 JMP 首席架构师兼负责人。自 1989 年针对科学家和工程师推出以来，JMP 已开发出统计发现软件产品系列，并广泛应用于全球每个行业。通过实现桌面环境中的交互式分析功能，以协助使用者进行资料分析与研究，通过鼠标点击操作及简单资料汇入，并利用动态统计图形呈现，以了解资料的分布形态及相关性，提供信息并协助使用者做决策。JMP 被广泛应用于业务可视化、探索性数据分析、数据挖掘、建模预测、实验设计、产品研发、生物统计、医学统计、可靠性分析、市场调研、六西格玛质量管理等领域，并逐渐成为全球领先的数据分析方法及咨询供应商，致力于帮助客户从数据中获取价值、优化决策、驱动创新、成就未来。

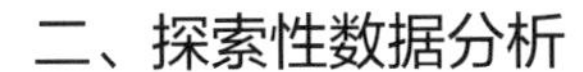

二、探索性数据分析

（一）使用场景介绍

探索性数据分析可充分了解数据，以发现数据中存在的关联性和数据特点，是数据分析的核心模块之一，也是决定模型优劣的关键因素。通过探索性数据分析，一是可发现数据中存在的问题，如缺失值、异常值和数据冗余等；二是通过单变量、多变量维度开展探索性数据分析，可挖掘数据中的隐藏价值；三是可为数据选择最合适的算法进行模型构建；四是可为模型精准选择特征进行模型训练。探索性数据分析方法主要包括描述统计、假设检验、相关分析、方差分析等。

1. 描述统计

描述统计是通过图表或统计方法，对数据资料进行整理、分析，并对数据特征、分布状态、数据趋势及特征变量间关系进行定性分析的方法。通过描述统计可快速了解数据集特征及整体分布情况，深入了解数据自身特性，如数据最大值、数据最小值、数据平均值、中位数、众数、标准差、偏度、峰度等。

（1）数据最大值。反映数据分布范围。

（2）数据最小值。同样反映数据分布范围。

（3）数据平均值。反映数据集中趋势。

（4）中位数。样本数据排序后最中间的数值，若数据偏离较大，则一般用中位数描述整体水平情况。

（5）众数。数据中出现次数最多的数。众数一般用于离散型变量而非连续型变量。

（6）标准差。数据标准差反映数据离散程度。

（7）偏度。用来度量随机变量概率分布的不对称性。

（8）峰度。用来度量随机变量概率分布的陡峭程度。

2. 假设检验

假设检验是用来判断样本与样本、样本与总体的差异是由抽样误差引起还是本质差别造成的统计推断方法。显著性检验是假设检验中最常用的方法，也是最基本的统计推断形式，其基本原理是先对总体特征做出某种假设，然后通过抽样研究进行统计推理，并对此假设应该被拒绝还是接受做出推断。常用假设检验方法有 Z 检验、T 检验、卡方检验、F 检验等。

（1）Z 检验。Z 检验一般用于大样本平均值差异性的检验，并用标准正态分布理论推断差异发生概率，从而比较两个平均数的差异是否显著。

（2）T 检验。T 检验是一种适合小样本的统计分析方法，通过比较不同数据均值，研究两组数据是否存在差异。

（3）卡方检验。卡方检验是一种用途广泛分析定性数据差异性的方法，并可通过频数进行检验。

（4）F 检验。F 检验是检验两个正态随机变量总体方差是否相等的一种假设检验方法。主要通过比较两组数据方差，以确定其精密度是否有显著差异。

3. 相关分析

在实际工作中，常有若干数据罗列在我们面前，这些数据相互间会存在一些联系，或是此增彼涨，或是负相关，或是没有关联，此时，需开展数据间的相关分析，以帮助我们更好确定数据间的关系及密切程度和方向。常用相关分析方法包括相关系数、图形展示、协方差等。

（1）相关系数。相关系数是反映变量间关系密切程度的统计指标且具有方向性，相关系数取值区间为 –1 ~ 1。1 表示两个变量完全线性相关，–1 表示两个变量完全负相关，0 表示两个变量不相关。数据越趋近 0 表示相关关系越弱。

（2）图形展示。图形展示可清晰表示两组数据的相关性。其优点是对相关关系的展现清晰，缺点是无法对相关关系进行准确度量。图形包括散点图、折线图等。

（3）协方差。协方差用来衡量两个变量的总体误差，若两个变量的变化趋势一致，协方差就是正值，说明两个变量正相关。若两个变量的变化趋势相反，协方差就是负值。

4. 方差分析

方差分析是利用样本数据检验待选指标对目标总体影响程度的一种方法，用于两个及两个以上样本均数差别的显著性检验。本质上通过检验各总体均值是否存在显著差异，来判断分类变量对数值变量的影响程度。所有样本总差异可分解为两个方面：一方面由总体组间方差造成，即指标的不同水平（值）对结果的影响；另一

方面由总体组内方差造成，即指标的同一水平（值）内部随机误差对结果的影响。若某指标对目标总体结果没有影响，则组内方差与组间方差近似相等；若指标对目标总体结果有显著影响，则组间方差大于组内方差，且当组间方差与组内方差的比值达到一定程度，或达到某个临界点时，就可做出待选指标对结果有显著影响的判断。

（二）实例解析

1. 案例背景

钻石是稀有且珍贵的宝石，在历史上扮演了重要角色，具有丰富的文化、经济和社会背景，钻石的稀有性和美丽外观使其成为王室和贵族珍藏的珠宝之一。本案例将对 diamonds 数据集进行探索性分析。

2. 数据情况介绍

此处使用了 seaborn 可视化库内置的 diamonds 数据集，其包含钻石的各种信息，以及多个相关特征。该数据集通常用于探索钻石特征与其价格间的关系，是经典的探索性数据分析问题。数据集中包含 10 个钻石特征。这些特征旨在提供有关钻石不同属性的综合信息，以帮助分析钻石价格的影响因素。数据集字段信息如下：

（1）carat。钻石的重量（单位为克拉）。

（2）cut。钻石的切割质量，分为 5 个等级，包括 fair（一般）、good（良好）、very good（很好）、premium（优质）、ideal（理想）。

（3）color。钻石颜色，从 J（最差）到 D（最好）。

（4）clarity。钻石净度，表示内部瑕疵的可见程度，分为 I1（最差）到 IF（最好）。

（5）depth。钻石的深度百分比，计算方式为［z/mean（x，y）］×100，其中 z 是测量深度的部分，x 和 y 是钻石尺寸。

（6）table。钻石的台宽比例，计算方式为（table width/average diameter）×100。

（7）price。钻石价格（美元）。

（8）x。钻石长度（毫米）。

（9）y。钻石宽度（毫米）。

（10）z。钻石深度（毫米）。

3. 解决思路

目标：基于现有钻石数据，进行探索性分析。

实现过程：

（1）导入必要的库和钻石数据集

导入 pandas、numpy、sklearn 等相关模块，从 seaborn 库中导入钻石数据集。

（2）数据基本分析

查看变量中是否有空值，若有空值，则需对其进行处理，并进行数据探索分析，包括缺失值处理。

（3）计算描述统计信息

描述统计信息是对数据集基本特征进行总结和分析的方法。通常包括以下内容：

1）均值（mean）：所有数据的平均值，用于表示数据的中心趋势。

2）中位数（median）：将数据从小到大排列，位于中间位置的值，可用于对抗极端值的影响。

3）标准差（standard deviation）：衡量数据的离散程度，值越大表示数据越分散。

4）最大值和最小值：数据的极值，有助于了解数据范围。

5）百分位数（percentiles）：将数据分为百分之几的部分。

（4）正态分布检验

正态分布检验用于确定数据是否呈现正态分布（高斯分布）。

示例使用 Shapiro–Wilk 检验：用于小样本数据，检验数据是否来自正态分布。

（5）计算变量间的相关系数

相关系数用于衡量两个变量间的线性关系强度。

Pearson 相关系数用于衡量线性关系的强度和方向，取值范围为 –1 ~ 1。

（6）ANOVA 方差分析

方差分析是用于比较 3 个或更多组间均值差异的统计方法。

多因素方差分析：扩展到多个因素对因变量的影响，可探究多个因素的交互作用。

4. 实现代码

1）导入相关库并载入数据，进行数据探索分析。

```
# -*- coding: utf-8 -*-
import pandas as pd
import math
from scipy import stats
import matplotlib.pyplot as plt
import seaborn as sns

# 加载 diamonds 数据集
diamonds = sns.load_dataset('diamonds')

# 显示数据的前几行
print(diamonds.head())

# 查看是否有空值
diamonds.info()

# 计算描述统计信息
description = diamonds.describe()
print(description)

# 分析数据
# 计算价格的平均值和标准差
mean_price = diamonds['price'].mean()
std_dev_price = diamonds['price'].std()
```

```
# 计算克拉数 (carat) 的中位数
median_carat = diamonds['carat'].median()

# 计算切割质量 (cut) 的频数
cut_counts = diamonds['cut'].value_counts()

# 打印分析结果
print(" 平均价格 :", mean_price)
print(" 价格标准差 :", std_dev_price)
print(" 克拉数中位数 :", median_carat)
print(" 切割质量频数 :\n", cut_counts)

# 进行正常性检验 ( 示例使用 Shapiro-Wilk 检验 )
statistic, p_value = stats.shapiro(diamonds['price'])

# 根据 p 值判断设备是否正常运行
alpha = 0.05
if p_value > alpha:
    print(" 数据符合正态分布 ")
else:
    print(" 数据不符合正态分布 ")

# 计算变量间的相关系数 (Pearson 相关系数 )
correlation_matrix = diamonds.corr()

# 打印相关系数矩阵
```

```
print(correlation_matrix)


# 绘制所有特征间的相关系数热力图
plt.figure(figsize=(12,10))
sns.heatmap(correlation_matrix, annot=True, fmt='.2f', cmap='PuBu')
# 使用 ANOVA 方差分析
result = stats.f_oneway(
    diamonds[diamonds['cut'] == 'Fair']['price'],
    diamonds[diamonds['cut'] == 'Good']['price'],
    diamonds[diamonds['cut'] == 'Very Good']['price'],
    diamonds[diamonds['cut'] == 'Premium']['price'],
    diamonds[diamonds['cut'] == 'Ideal']['price']
)


# 打印分析结果
print("ANOVA 结果 :")
print("F 统计量 :", result.statistic)
print("P 值 :", result.pvalue)
```

2）分析结论

①分析基础数据

分析基础数据见表 5–1。

表 5–1　　分析基础数据

指　标	数　值
平均价格	3 305.520 348 837 209 4
价格标准差	1 064.066 427 749 294 2
克拉数中位数	0.9

续表

指　标		数　值
切割质量频数	Ideal	2 840
	Very Good	2 235
	Premium	2 230
	Good	1 170
	Fair	469

②相关系数分析

关系判断：相关系数可表明两个变量间的关系强度和方向。若相关系数接近 1 或 -1，表示两个变量间存在较强的线性关系；若接近 0，则说明关系较弱或没有线性关系。

特征选择：在特征选择过程中，相关系数可用来衡量每个特征与目标变量间的关联程度。如较高的相关系数可能意味着某个特征对预测目标变量很重要。

数据探索：相关系数有助于发现数据中可能存在的关联关系，从而进一步对数据进行探索和分析。可见，其可揭示数据中隐藏的模式和趋势。

③方差分析

方差分析结果见表 5-2。

表 5-2　　方差分析结果

指　标	数　值
F 统计量	27.148 064 107 469 626
P 值	1.991 211 342 751 609 8e-22
F 统计量	27.148 064 107 469 626

对上述结果进行分析：

- 若 *P* 值很小（通常小于显著性水平，如 0.05），可得出以下结论：

拒绝零假设：意味着不同组间的均值确实存在显著差异。

可进行进一步的事后检验（如 Tukey's HSD 检验或 Bonferroni 校正），以确定哪些组间的差异显著。

- 若 *P* 值很大（大于显著性水平），则不能拒绝零假设，即没有足够证据表明不同组间的均值存在显著差异。

总之，目前 *P* 值非常接近零，可合理假设在该组数据中不同组间的均值存在显著差异。

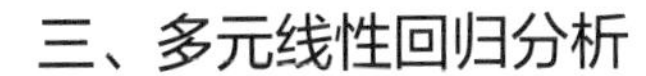

三、多元线性回归分析

（一）使用场景介绍

在回归分析中，若有两个或两个以上自变量，就称其为多元回归。界定线性回归是否为多元，主要看自变量个数，若自变量个数在两个及其以上，则称其为多元线性回归。多元线性回归是一元线性回归的扩展，其基本原理及方法与一元线性回归分析类似，但因自变量个数增加，以致对模型参数估计变得复杂。

在实际中，一个现象的影响因素通常不只一个，而是由若干个重要因素共同作用才导致事物发展变化，故要求在实际分析时不能只建立一元线性回归模型，应考虑多元回归分析。例如，影响一个地区居民消费支出的因素包括可支配收入、地区经济发展水平、家庭财富平均储备量、地区消费倾向、地区物价水平等，此时，因变量只有一个，自变量却有 5 个或更多，这时就需建立多元线性回归模型。

多元线性回归主要应用于以下几个方面：

（1）确定几个特定变量间是否存在相关关系，如果存在，找出它们之间合适的数学表达式。

（2）根据一个或几个变量值，可预测或控制另一个变量的取值，并可知道该预测或控制能达到的精确度。

（3）进行因素分析。例如，在对共同影响一个变量的许多变量（因素）间，找出哪些是重要因素，哪些是次要因素，这些因素间有什么关系等。

使用多元回归分析的好处是能说明自变量和因变量间的显著关系及多个自变量对一个因变量的影响强度。因此，多元线性回归模型已广泛应用于社会、经济、技术及众多自然科学研究领域。

（二）实例解析

1. 案例背景

波士顿房屋数据集通常被用作回归问题示例，许多机器学习算法和模型可通过该数据集进行训练和评估。在该回归任务中，可利用房屋特征建立模型，以准确预测波士顿地区房屋的中位价值。该数据集包含 13 个可解释变量，几乎涵盖了房屋所有方面的描述，可通过数据预处理，并利用多元线性回归、模型评估等方法进行研究。

2. 数据情况介绍

此处使用 sklearn 机器学习库中的波士顿房屋数据集，其包含关于波士顿地区房屋价格信息，以及各种相关特征描述。该数据集是一个经典的回归问题，旨在预测波士顿地区房屋的中位价值。数据集中包含 506 个样本，每个样本有 13 个特征，包括城镇犯罪率、住宅用地比例、每个城镇非零售业务的比例等。这些特征旨在提供波士顿不同地区的综合信息，以帮助预测房屋价格。

字段信息如下：

（1）CRIM。城镇人均犯罪率。

（2）ZN。占地面积超过 2 325 平方米的住宅用地比例。

（3）INDUS。城镇非零售业务地区比例。

（4）CHAS。查尔斯河虚拟变量（若土地在河边，则变量是 1；否则是 0）。

（5）NO_x。一氧化氮浓度（每 1 000 万份）。

（6）RM。平均每居民房数。

（7）AGE。1940 年前建成的所有者占用单位比例。

（8）DIS。与 5 个波士顿就业中心的加权距离。

（9）RAD。辐射状公路的可达性指数。

（10）TAX。每 10 000 美元的全额物业税率。

（11）PTRATIO。城镇师生比例。

（12）B。$1\,000(Bk-0.63)^2$，其中，Bk 是城镇黑人比例。

（13）LSTAT。人口中地位较低人群的百分数。

（14）MEDV。以 1 000 美元计算自有住房的中位数。

3. 解决思路

目标：基于房屋相关数据，预测房屋价格。

实现过程：

（1）导入必要的库和波士顿房屋数据集

首先导入 pandas、numpy、sklearn 等相关模块，然后从机器学习库 sklearn 中导入

波士顿房屋数据集，并查看 sklearn 中的波士顿房屋数据集。

（2）数据基本分析及变量选择

查看变量中是否有空值，若有空值，则需对其进行处理，即进行数据探索分析，包括缺失值处理、计算相关性矩阵等。可尝试了解因变量和自变量、自变量和自变量间的关系。

（3）划分训练集和测试集

为实验能有显著效果，并保证训练集和测试集拥有良好的数据一致性，可使用 sklearn 库中的 train_test_split() 函数将原始数据集划分为训练集和测试集，分配比例为训练集：测试集 =8：2，且分配比例可依据实际情况进行修改，具体使用方法同分类预测。

（4）回归模型构建

基于 scikit-learn 的线性模型做数据拟合。scikit-learn 线性回归算法可用最小二乘法，而构建回归模型可对测试数据进行房价预测。

（5）模型评价

多元线性回归模型主要由以下参数构成：

1）fit_intercept：表示是否在模型中添加截距项。若设置为 True，则会自动添加截距项。若设置为 False，则不会添加截距项。

2）normalize：若设置为 True，则会对自变量进行归一化处理，以使每个特征具有零均值和单位方差。

总之，常用参数包括 fit_intercept 和 normalize（通常无须设置，只需填入因变量 y 和自变量 x）。fit_intercept 通常设置为 True，因为大多数情况下线性回归模型需包含截距项。normalize 参数在数据特征尺度差异较大时非常有用，其可确保各特征具有统一尺度，有助于模型的稳定性和收敛性。

最后通过 R 方对结果进行评判，R 方为回归平方和与总离差平方和的比值，且这一比值越大表明模型越精确，回归效果越显著。R 方介于 0 和 1 之间，越接近 1，回归拟合效果越好。

4. 实现代码

（1）导入相关库并载入数据，进行数据探索分析。

```
# -*- coding: utf-8 -*-
import pandas as pd
import numpy as np
import matplotlib.pyplot as plt
from sklearn.datasets import load_boston
import seaborn as sns
from sklearn.model_selection import train_test_split
from sklearn.linear_model import LinearRegression
from sklearn.metrics import mean_squared_error
from statsmodels.stats.outliers_influence import
variance_inflation_factor

dir(load_boston())
# 加载数据
X = load_boston().data
y = load_boston().target
df = pd.DataFrame(X, columns=load_boston().feature_names)
df.head()
df["MEDV"]=y
df.head()
# 查看是否有空值
df.info()
# 基本统计信息
```

```
df.describe()
# 相关性分析
df.corr()
# 绘制所有特征间的相关系数热力图
plt.figure(figsize=(12,10))
sns.heatmap(df.corr(), annot=True, fmt='.2f', cmap='PuBu')
# 了解因变量和自变量、自变量和自变量间的关系
sns.pairplot(df[["LSTAT","RM","PTRATIO","MEDV"]])
#vif 检测多重共线性
X = df.drop('MEDV', axis=1)
vif = pd.DataFrame()
vif["Features"] = X.columns
vif["VIF"] = [variance_inflation_factor(X.values, i) for i in range(X.shape[1])]
# 输出 VIF 结果，查看哪些特征具有较高 VIF 值
print(vif)
# # 剔除 vif 较高变量
X = X.drop(["PTRATIO"],axis=1)
# 把 X 和 y 的样本组合划分成两部分，一部分是训练集，另一部分是测试集
X_train, X_test, y_train, y_test = train_test_split(X, y, random_state=1,test_size=0.2)
# 可看到 80% 的样本数据被作为训练集，20% 的样本被作为测试集
linreg = LinearRegression()  # 建立模型
linreg.fit(X_train, y_train)      # 训练模型
print(linreg.intercept_)
print(linreg.coef_)
# 展示系数
df_coef = pd.DataFrame()
```

```
df_coef['Title1'] = X.columns
df_coef['Coef'] = linreg.coef_
df_coef
line_pre = linreg.predict(X_test)  # 预测值
print('SCORE:{:.4f}'.format(linreg.score(X_test, y_test)))#r2 模型评分
print('RMSE:{:.4f}'.format(np.sqrt(mean_squared_error(y_test, line_pre))))#RMSE( 标准误差 )
# 绘制预测效果图
hos_pre = pd.DataFrame()
hos_pre['Predict'] = line_pre
hos_pre['Truth'] = y_test
hos_pre.plot(figsize=(18,8))
```

（2）分析结论

1）展示特征间的相关系数热力图。通过热力图可直观发现数据中特征间的相关性结构，有助于深入了解数据模式和特点，并为后续数据分析、可视化和建模提供指导。

2）多重共线性检测。多重共线性是指特征间存在较强的线性相关性，并可能导致模型不稳定，以致模型会对输入数据的微小变化非常敏感。通过热力图可识别存在高度相关性的特征，并采取相应措施，例如，去掉其中一个相关性较强的特征，或使用降维技术解决多重共线性问题。

（3）查看模型相关变量权重

多元线性回归分析结果见表 5–3。

表 5–3　　多元线性回归分析结果

指　　标	数　　值
测试集 R 方	0.745 3
RMSE（标准误差）	5.016 8

模型在测试集上的 R 方为 0.745 3，预测效果较好，RMSE（标准误差）为 5.016 8。通过部分测试集预测结果与真实值对比可看出，预测值与真实值基本吻合。

四、主成分分析与因子分析

（一）主成分分析

1. 使用场景介绍

主成分分析（principal component analysis，PCA）是考察多个变量间相关性的一种多元统计方法，其主要研究如何通过少数几个主成分揭示多个变量间的内部结构，即从原始变量中导出少数几个主成分，并使其尽量保留原始变量信息，且彼此间互不相关。通常数学上的处理就是将原来 P 个指标做线性组合，并将该组合作为新的综合指标。

主成分分析基本思想是将原来众多具有一定相关性的指标（如 P 个指标），重新组合成一组互相无关的综合指标来代替原来指标。主成分分析通过正交变换，将一组可能存在相关性的高维变量转换为一组线性不相关的低维变量，转换后的这组变量就叫主成分，该主成分可尽量保留原始数据信息。

主成分分析主要作用有以下几个方面：

（1）主成分分析能降低研究数据空间的维数，即用研究 m 维的 Y 空间代替 p 维的 X 空间（$m<p$），而低维 Y 空间代替高维 X 空间所损失的信息很少。即使只有一个主成分 Y_1（即 $m=1$）时，该 Y_1 仍是使用全部 X 变量（p 个）得到的。例如，计算 Y_1 均值需使用全部 X 的均值。在所选前 m 个主成分中，若某个 X_i 的系数全部近似于零，就可把该 X_i 删除，这也是一种删除多余变量的方法。

（2）有时可通过因子负荷 a_{ij} 结论，弄清 X 变量间的某些关系。

（3）多维数据的一种图形表示方法。多元统计研究的问题大都多于 3 个变量，因此，要把研究的问题用图形表示出来根本不可能。然而，经过主成分分析后，可选取前两个主成分或其中某两个主成分，并根据主成分得分，画出 n 个样本在二维平面上的分布。由图形可直观看出各样本在主分量中的地位，进而可对样本进行分类处理，并可由图形发现远离大多数样本点的离群点。

（4）由主成分分析法构造回归模型。即把各主成分作为新自变量代替原来自变量

X 做回归分析。

（5）用主成分分析筛选回归变量。使模型本身易于做结构分析、控制和预报，以从原始变量构成的子集合中选择最佳变量，并构成最佳变量集合。而用主成分分析筛选变量，可用较少计算量获得选择最佳变量子集合的效果。

作为多元统计分析的一种常用方法，主成分分析在处理多变量问题时具有一定优越性，主成分回归方法对一般的多重共线性问题很适用，尤其是对共线性较强的变量。因此，主成分分析也是最重要的降维方法之一，其在数据压缩、消除冗余、数据噪声消除等领域都有广泛应用。例如，由一系列特征组成的多维向量，当某些元素本身没有区分性，或彼此区分不大时，若用主成分做特征区分，相似元素贡献会较少。而此时的目的是找到那些变化大的元素，即方差较大的维度，并去除那些变化小的维度。

2. 实例解析

（1）案例背景

鸢尾花数据集最初由 Edgar Anderson 测量得到，而后在著名统计学家和生物学家 Fisher 于 1936 年发表的文章“*The use of multiple measurements in taxonomic problems*”中被使用，即用其作为线性判别分析例子，以证明分类统计方法，从而被众人所知。鸢尾花数据集包含 3 种鸢尾花（山鸢尾、维吉尼亚鸢尾和杂色鸢尾）50 个样本的 4 个特征（花萼和花瓣长度及宽度），该数据集通常用于数据挖掘、分类和聚类示例及测试算法。下面以 Iris 数据集为例，通过主成分分析方法实现特征分析。

（2）数据情况介绍

Fisher 在 1936 年整理的 Iris 鸢尾花数据集是一个经典数据集，其包含 3 类共 150 条记录，每类各 50 个数据，每条记录都有 4 个特征：花萼长度、花萼宽度、花瓣长度、花瓣宽度，可通过该 4 项特征预测该鸢尾花属于 3 种鸢尾花中的哪一品种，鸢尾花数据说明见表 5–4，鸢尾花样例数据见表 5–5。

（3）解决思路

基于鸢尾花数据集，使用主成分分析方法对其属性特征进行降维分析。首先加载本地样例数据集；其次利用 pandas、numpy 及 sklearn 中的 StandardScaler 和 PCA 方法，完成主成分分析建模；最后通过 matplotlib 可视化展示方式，观察主成分分析的降维结果。

表 5–4　　鸢尾花数据说明

列名	描述	字段类型
Sepal Length	花萼长度	float64
Sepal Width	花萼宽度	float64
Petal Length	花瓣长度	float64
Petal Width	花瓣宽度	float64
target	类别变量。0 表示山鸢尾，1 表示杂色鸢尾，2 表示维吉尼亚鸢尾	int

表 5–5　　鸢尾花样例数据

序号	sepal length	sepal width	petal length	petal width	target
1	5.1	3.5	1.4	0.2	0
2	4.9	3	1.4	0.2	0
3	4.7	3.2	1.3	0.2	0
4	4.6	3.1	1.5	0.2	0
5	5	3.6	1.4	0.2	0
6	5.4	3.9	1.7	0.4	0
7	4.6	3.4	1.4	0.3	0
8	5	3.4	1.5	0.2	0
9	4.4	2.9	1.4	0.2	0
10	4.9	3.1	1.5	0.1	0

具体实现过程如下：

1）数据获取和基本分析。数据集是 .csv 格式文件，根据观察可知，其包括 4 维特征值和 1 维目标列，共计 150 个数据，数据集大小为 150 × 5。

2）数据预处理。为避免量纲对分析结果的影响，进行主成分分析前，需先对原始数据进行标准化。此处使用 StandardScaler 进行标准化，标准化后变为均值为 0、方差为 1 的数据。

3）主成分分析。首先分析每个变量方差的占比，以确定降维到多少维度合适。然后使用 sklearn.decomposition 模块中的 PCA 方法进行降维，并查看降维后的结果。

4）可视化展示。通过可视化方式，观察新变量与原始特征间的关系。

（4）实现代码

```
import pandas as pd
import numpy as np
import matplotlib.pyplot as plt
from sklearn.decomposition import PCA
from sklearn.preprocessing import StandardScaler
import seaborn as sns

df = pd.read_csv('./iris.csv')
print(df.head())
print(df.info())

features = ['sepallength', 'sepalwidth', 'petallength', 'petalwidth']
x = df.loc[:, features].values
y = df.loc[:, ['target']].values
x = StandardScaler().fit_transform(x) # 数据标准化

pca = PCA(n_components=4)
principalComponents = pca.fit_transform(x)
print('explained_variance_ratio_:', pca.explained_variance_ratio_)
# 可视化展示
importance = pca.explained_variance_ratio_
plt.scatter(range(1,5),importance)
plt.plot(range(1,5),importance)
```

```
plt.title('Scree Plot')
plt.xlabel('Factors')
plt.ylabel('Eigenvalue')
plt.grid()
plt.show()

# 使用 pca 进行降维（降到 2 维）
pca = PCA(n_components=2)
principalComponents = pca.fit_transform(x)

# 查看降维后的新数据
principalDf = pd.DataFrame(data=principalComponents,
columns=['principal component 1', 'principal component 2'])
finalDf = pd.concat([principalDf, df[['target']]], axis=1)
print('explained_variance_ratio_:', pca.explained_variance_ratio_)
print('explained_variance_:', pca.explained_variance_)
print('components_:', pca.components_)

# 对系数进行可视化
df_cm = pd.DataFrame(np.abs(pca.components_), columns=df.columns[:-1])
plt.figure(figsize=(12, 6))
ax = sns.heatmap(df_cm, annot=True, cmap="BuPu")
# 设置 y 轴字体大小
ax.yaxis.set_tick_params(labelsize=15)
ax.xaxis.set_tick_params(labelsize=15)
plt.title('PCA', fontsize='xx-large')
plt.show()
```

（5）分析结论

通过观察变量方差，可发现后两个变量所占比例已小于 10%，因此，通过主成分分析（PCA）方法，选择降到 2 维，并计算其对应的解释变量及转换系数。通过对转换系数进行可视化，能看出新变量与哪些原始特征有关。另外，根据特征方差贡献率（见表 5–6），可看到投影后 4 个特征维度的方差比例分别为 72.96%、22.85%、3.67% 和 0.52%。可见，投影后前两个特征占据绝大部分主成分比例。因此，保留前两个最大特征值和对应特征向量的特征。

表 5–6　　降维特征结果

保留成分	特征方差贡献率	方差值	特征向量
4	[0.729 624 45 0.228 507 62 0.036 689 22 0.005 178 71]	—	—
2	[0.729 624 45 0.228 507 62]	[2.938 085 05 0.920 164 9]	[[0.521 065 91 −0.269 347 44 0.580 413 1 0.564 856 54] [0.377 417 62 0.923 295 66 0.024 491 61 0.066 941 99]]

（二）因子分析

1. 使用场景介绍

因子分析又称因素分析，是利用少数几个潜在变量或公共因子，解释多个显在变量或可观测变量中存在的复杂关系，是从变量群中提取共性因子的统计技术，此处共性因子是指不同变量间内在的隐藏因子。例如，一个学生的数学、物理、化学成绩都很好，则潜在共性因子可能是该学生智力水平高。因此，因子分析过程其实是寻找共性因子和个性因子并得到最优解释的过程。

换句话说，因子分析是把每个原始（可观测）变量分解为两部分因素：一部分由所有变量共同具有的少数几个公共因子构成；另一部分是每个原始变量的独有因素，即所谓的特殊因素部分或特殊因子部分。而正是特殊因子的存在，才使该原始变量有别于其他原始变量。可见，因子分析注重因子分析的具体形式，而不考虑各变量的变差贡献大小。

因子分析思想是通过对变量相关系数矩阵内部结构进行研究，找出能控制所有变

量的少数随机变量去描述多个变量间的相关关系，是多元统计分析中一种处理降维的统计方法。一方面，因子分析可简化观测系统，简化原始变量结构，再现变量间的内在联系，以达到降维目的；另一方面，可对原始变量进行分类，把相关性较高即联系较紧密的变量归为同一类，而不同类变量间的相关性较低。

因子分析在市场调研中有广泛应用，主要包括消费者习惯和态度研究、品牌形象和特性研究、服务质量调查、个性测试、形象调查、市场划分识别，以及顾客、产品和行为分类等。一般来说，研究人员只关心一些研究指标的集成或组合，而这些通常通过等级评分问题测量，如利用李克特量表取得的变量。每个指标的集合（或一组相关联指标）就是一个因子，指标概念等级得分就是因子得分。在实际应用中，通过因子得分可得出不同因子的重要性指标，管理者可根据这些重要性指标决定先解决市场问题还是产品问题。

2. 实例解析

本实例以典型 Iris 鸢尾花数据集为例，通过因子分析方法实现鸢尾花卉的因子分析过程（具体案例背景及数据说明详见主成分分析部分）。

（1）解决思路

基于鸢尾花数据集，使用因子分析方法对其属性特征进行分析，具体实现过程如下：

1）数据获取和基本分析。数据集是 .csv 格式文件，根据观察可知，其包括 4 维特征值和 1 维目标列，共计 150 个数据，数据集大小为 150×5。此处首先加载本地样例数据集；其次利用 pandas、numpy、factor_analyzer 中的 FactorAnalyzer 和 calculate_bartlett_sphericity 方法，完成因子分析建模；最后通过 matplotlib 可视化展示方式，观察因子分析结果。

2）数据预处理。为避免量纲对分析结果的影响，在进行因子分析前，需先对原始数据进行标准化。此处使用 StandardScaler 进行标准化，标准化后变为均值为 0、方差为 1 的数据。

3）因子分析。首先查看数据集是否适合做因子分析；其次确定因子个数，并使用 factor_analyzer 模块中的 FactorAnalyzer 方法进行因子分析；最后计算因子得分，并查看因子得分结果。

4）可视化展示。对特征值及系数矩阵进行可视化展示。

（2）实现代码

```
import numpy as np
import pandas as pd
from factor_analyzer import FactorAnalyzer
import matplotlib.pyplot as plt
import seaborn as sns
from sklearn.preprocessing import StandardScaler
from factor_analyzer.factor_analyzer import
calculate_bartlett_sphericity

df = pd.read_csv('./iris.csv')
print(df.head())
print(df.info())
features = ['sepallength', 'sepalwidth', 'petallength', 'petalwidth']
x = df.loc[:, features].values
y = df.loc[:, ['target']].values
x = StandardScaler().fit_transform(x) # 数据标准化
chi_square_value, p_value = calculate_bartlett_sphericity(x)
print('chi_square_value and p_value:', chi_square_value, p_value)

fa = FactorAnalyzer(4, rotation=None)
fa.fit(x)
ev, v = fa.get_eigenvalues()

# 可视化展示
plt.scatter(range(1, 4+1), ev)
plt.plot(range(1, 4+1), ev)
```

```
plt.title('Scree Plot')
plt.xlabel('Factors')
plt.ylabel('Eigenvalue')
plt.grid()
plt.show()

# 降到 2 维
fa = FactorAnalyzer(2, rotation="varimax")
fa.fit(x)
# 对系数矩阵进行可视化
df_cm = pd.DataFrame(np.abs(fa.loadings_), index=df.columns[:-1])
plt.figure(figsize=(7, 10))
ax = sns.heatmap(df_cm, annot=True, cmap="BuPu")
# 设置 y 轴字体大小
ax.yaxis.set_tick_params(labelsize=15)
plt.title('Factor Analysis', fontsize='xx-large')
# Set y-axis label
plt.ylabel('Sepal Width', fontsize='xx-large')
plt.show()

# 降维后的新数据
x_2 = fa.transform(x)
principalDf = pd.DataFrame(data=x_2, columns=['FA 1', 'FA 2'])
finalDf = pd.concat([principalDf, df[['target']]], axis=1)
print('finalDf:', finalDf.head(5))
```

（3）分析结论

做因子分析前，首先需做充分性检测，并观察变量间是否有关联，若检测结果在统计学上不显著，就不能采用因子分析。根据表 5–7 中球形检验的卡方值和 P 值（<0.05）可知，可做因子分析。

表 5–7　充分性检测结果

卡方值	P 值
706.959 243 023 475 3	1.922 679 604 414 565 8e–149

其次，通过计算相关矩阵特征值并进行排序，找到最合适的因子数量并进行可视化，可看到每个隐变量均与 4 个观测变量有较大关系。

最后，查看经因子分析后的新数据情况（见表 5–8），并将其作为后续分析的数据支撑。

表 5–8　因子分析后的新数据

序号	FA 1	FA 2	target
0	–1.157 234	0.851 609	0
1	–1.583 209	–0.384 376	0
2	–1.434 077	0.110 196	0
3	1.302 248	–0.088 663	0
4	1.032 635	1.109 801	0

五、判别分析

（一）使用场景介绍

判别分析是根据已知对象某些观测指标和所属类别判断未知对象所属类别的一种统计学方法，即根据已掌握历史上若干个样本的 p 个指标数据及所属类别信息，总结出该事物分类的规律性，建立判别公式和判别准则，并根据判别公式和判别准则判别未知类别样本点所属类别的一种方法。

判别分析应用十分广泛。例如，在工业生产中，可基于产品的一些测量指标判别

产品质量等级；在经济学中，可根据人均国民收入、人均工农业产值、人均消费水平等指标判断一个国家的经济发展程度；在地质勘探中，可根据地质结构、化探和物探各项指标判断该地矿物类型；在医学诊断中，可根据某病人的化验结果和病情征兆判断病人所患疾病类型；在气象学中，可根据已有气象资料（气温、气压等）判断明天是晴、多云、阴或有雨等；在模式识别中，可用于指纹识别、手写体识别、人脸识别等领域；在考古学中，可用于判断古墓年代和墓主身份等；在生物学中，可用于判断生物体类别。

判别分析主要有距离判别、贝叶斯（Bayes）判别和费歇尔（Fisher）判别等，三种判别分析方法的主要区别见表 5–9。

表 5–9　　三种判别分析方法的主要区别

算法名称	优点	缺陷
距离判别	1. 直观、简单 2. 对变量分布类型和总体协方差无严格要求	1. 未考虑各个总体的分布，以及各个总体出现的概率 2. 未考虑错判造成的损失
贝叶斯（Bayes）判别	1. 理论基础强 2. 误判损失小	须满足各变量服从多元正态分布、各组协方差矩阵相等、各组变量均值有显著性差异的条件，现实情况往往不能保证上述条件均可满足
费歇尔（Fisher）判别	1. 对总体分布没有任何要求 2. 对线性可分样本判别效果较好	1. 要求样本间的均值具有显著差异性 2. 对线性不可分情况，该方法无法确定分类

下面通过案例形式说明 Fisher 判别分析方法。

（二）实例解析

1. 案例背景

以典型 Iris 鸢尾花数据集为例，通过判别分析方法实现未知鸢尾花卉的属类判别（具体背景说明见主成分分析部分）。

2. 数据情况介绍

具体数据情况见主成分分析部分。

3. 解决思路

基于得到未知分类的鸢尾花数据集，使用 Fisher 判别分析方法对其所属类进行判别，并输出判定误差。具体实现过程如下。

（1）数据获取和基本分析。数据集是 .csv 格式文件，根据观察可知，其包括 4 维特征值和 1 维标识列，可判断数据缺失情况并处理。

（2）训练集与测试集划分。为实验能有显著效果，并保证训练集和测试集拥有良好的数据一致性，使用 sklearn.model_selection 中的 train_test_split 方法将原始数据集划分为训练集和测试集，分配比例训练集∶测试集为 8∶2，且分配比例可依据实际情况进行修改。

train_test_split 是 sklearn 中用于划分数据集的方法，即将原始数据集划分成测试集和训练集两部分函数，并输出划分出的训练集和测试集；输入包括原始数据；参数 test_size 代表测试集大小，默认值是 0.25；stratify 表示是否按样本比例（不同类别的比例）划分数据集，即用数据集标签 y 进行划分；random_state 可理解为随机数种子，主要为复现结果而设置。

（3）判别分类器构建。构建 Fisher 判别器，以对测试数据进行属类判别分析，并计算判别准确率。

4. 实现代码

（1）导入相关包并将环境切换至工作目录

```
01  # -*- coding: utf-8 -*-
02  # 导入相关包
03  import numpy as np
04  import pandas as pd
05  from pandas import plotting
06  import os
07  %matplotlib inline
08  import matplotlib.pyplot as plt
```

```
09  plt.style.use('seaborn')
10  import seaborn as sns
11  sns.set_style("whitegrid")
12  from sklearn.model_selection import train_test_split
13  from sklearn.preprocessing import LabelEncoder
14
15  # 切换到数据或环境文件夹下进行操作
16  path = r'D:\fisher'
17  os.chdir(path)
```

（2）查看数据整体情况

使用如下代码查看数据整体情况：

```
01  # 读取数据
02  iris_data = pd.read_csv('iris.csv',encoding='gbk')
03  # 查看数据整体情况
04  iris_data.head()
05  iris_data.info()
06  iris_data.describe()
07  iris_data.isna().sum()
```

上述代码中，iris_data.head( ) 为查看前 5 行数据值；iris_data.info( ) 为查看数据整体情况；iris_data.describe( ) 为查看数据基本描述性统计信息；iris_data.isna( ).sum( ) 为查看数据缺失情况。由此可知，数据集合质量较高，可直接使用。

（3）划分训练集和测试集

使用 sklearn.model_selection 中的 train_test_split 方法将原始数据集划分为训练集和测试集，分配比例训练集：测试集为 8：2，且分配比例可依据实际情况进行修改。具体代码如下：

```
01  # 划分数据集，比例 8：2
02  train_iris,test_iris = train_test_split(iris_data,test_size=0.2,stratify=iris_
    data['target'],random_state=0)
03  train_iris = train_iris.reset_index(drop=True)
04  test_iris = test_iris.reset_index(drop=True)
```

（4）构建 Fisher 判别过程

使用如下代码构建 Fisher 判别过程：

```
01  # 构建 fisher 判别分析模型
02  #1. 按鸢尾花类别取出数据并计算均值，其中 iris 代表数据集,target_calss 为
    待分类别,target 为标签列,feature_columns 为特征列
03  def data_deal(iris,target_calss,target,feature_columns):
04      iris_i = iris[iris[target]==target_calss][feature_columns].reset_
    index(drop=True)
05    mi = np.mean(iris_i,axis=0)
06    return iris_i,mi
07
08  #2. 定义求解类内离散度矩阵 Si 函数，其中 iris_1 为输入特征数据集,m1 为
    该数据集均值
09  def calc_si_func(iris_1,m1):
10      s = np.zeros((np.shape(iris_1)[1],np.shape(iris_1)[1]))
11      for i in range(len(iris_1)):
12          a = iris_1.iloc[i,:] - m1
13          a = np.array([a])
14          b = a.T
15          s = s + np.dot(b,a)
16      return s
```

```
17
18  #3. 定义求解整体离散度函数
19  def calc_st_func(s1,s2):
20      s = s1 + s2
21      return s
22
23  #4. 定义投影方向和阈值函数
24  def calc_wi_func(sw12,m1,m2):
25      w = (np.dot(np.linalg.inv(sw12),(m1-m2).T)).T
26      return w
27
28  #5. 定义计算 T 值函数，为后续求决策规则 g(x) 服务
29  def calc_ti_func(m1,m2,sw12):
30      T = -0.5*(np.dot(np.dot((m1+m2),np.linalg.inv(sw12)),(m1-m2).T))
31      return T
32
33  #6. 建立判别函数，其中 data_1 为待判别数据集合
34  def
     calc_fisher_func(data_1,w12,w13,w23,T12,T13,T23,feature_columns):
35      data = data_1[feature_columns]
36      kind1 = []
37      kind2 = []
38      kind3 = []
39      newiris1 = []
40      newiris2 = []
41      newiris3 = []
```

```
42        for i in range(len(data)):
43            x = data.iloc[i]
44            x = np.array([x])
45            g12 = np.dot(w12,x.T) + T12
46            g13 = np.dot(w13,x.T) + T13
47            g23 = np.dot(w23,x.T) + T23
48            if g12>0 and g13>0:
49                newiris1.extend(x)
50                kind1.append(data_1['target'].iloc[i])
51            elif g12<0 and g23>0:
52                newiris2.extend(x)
53                kind2.append(data_1['target'].iloc[i])
54            elif g13<0 and g23<0:
55                newiris3.extend(x)
56                kind3.append(data_1['target'].iloc[i])
57        newiris1 = pd.DataFrame(newiris1,columns=feature_columns)
58        newiris1[' 判别鸢尾花类别 '] = 0
59        newiris1[' 原鸢尾花类别 '] = kind1
60        newiris2 = pd.DataFrame(newiris2,columns=feature_columns)
61        newiris2[' 判别鸢尾花类别 '] = 1
62        newiris2[' 原鸢尾花类别 '] = kind2
63        newiris3 = pd.DataFrame(newiris3,columns=feature_columns)
64        newiris3[' 判别鸢尾花类别 '] = 2
65        newiris3[' 原鸢尾花类别 '] = kind3
66        iris_fisher = newiris1.append([newiris2,newiris3]).reset_index(drop=True)
67        return iris_fisher
```

```
68
69  # 获取特征行
70  feature_columns = [i for i in iris_data.columns if i not in ['target']]
71  #fisher 判别过程
72  iris_1,m1 = data_deal(train_iris,0,'target',feature_columns)
73  iris_2,m2 = data_deal(train_iris,1,'target',feature_columns)
74  iris_3,m3 = data_deal(train_iris,2,'target',feature_columns)
75  # 类内离散度计算
76  s1 = calc_si_func(iris_1,m1)
77  s2 = calc_si_func(iris_2,m2)
78  s3 = calc_si_func(iris_3,m3)
79  # 整体离散度计算
80  sw12 = calc_st_func(s1,s2)
81  sw13 = calc_st_func(s1,s3)
82  sw23 = calc_st_func(s2,s3)
83  # 投影方向和阈值计算
84  w12 = calc_wi_func(sw12,m1,m2)
85  w13 = calc_wi_func(sw13,m1,m3)
86  w23 = calc_wi_func(sw23,m2,m3)
87  #T 值计算
88  T12 = calc_ti_func(m1,m2,sw12)
89  T13 = calc_ti_func(m1,m3,sw13)
90  T23 = calc_ti_func(m2,m3,sw23)
91  # 新数据判别
92  iris_fisher = calc_fisher_func(test_iris,w12,w13,w23,T12,T13,T23,feature_
    columns)
```

Fisher 判别结果见表 5-10，包括基础特征行、判别鸢尾花类别和原鸢尾花类别，以方便实际应用。

表 5-10　　Fisher 判别结果

sepal length	sepal width	petal length	petal width	判别鸢尾花类别	原鸢尾花类别
5.5	3.5	1.3	0.2	0	0
5.1	3.8	1.9	0.4	0	0
5.1	3.4	1.5	0.2	0	0
4.6	3.2	1.4	0.2	0	0
4.6	3.1	1.5	0.2	0	0
5.1	3.8	1.6	0.2	0	0
5.1	3.8	1.5	0.3	0	0
5.1	3.7	1.5	0.4	0	0
5.1	3.5	1.4	0.2	0	0
4.9	3.1	1.5	0.1	0	0
5.7	2.8	4.5	1.3	1	1
5.5	2.6	4.4	1.2	1	1
5.5	2.4	3.7	1	1	1
5.6	3	4.1	1.3	1	1
6.5	2.8	4.6	1.5	1	1
5.8	2.7	4.1	1	1	1
6.7	3.1	4.4	1.4	1	1
7	3.2	4.7	1.4	1	1
6.7	3.1	4.7	1.5	1	1
5.7	2.8	4.1	1.3	1	1
6.1	2.6	5.6	1.4	2	2
6.5	3	5.2	2	2	2
6.3	3.4	5.6	2.4	2	2
6.9	3.1	5.4	2.1	2	2
5.8	2.7	5.1	1.9	2	2
5.7	2.5	5	2	2	2
5.6	2.8	4.9	2	2	2

续表

sepal length	sepal width	petal length	petal width	判别鸢尾花类别	原鸢尾花类别
6.3	2.9	5.6	1.8	2	2
7.2	3	5.8	1.6	2	2
6.3	3.3	6	2.5	2	2

（5）判别准确性分析

```
01  # 计算准确率
02  accuracy = pd.DataFrame(columns=[' 类别 ',' 判断准确率 '])
03  accuracy[' 类别 '] = [" 类别 0"," 类别 1"," 类别 2"]
04  accuracy[' 判断准确率 '] = [100*len(iris_test1[iris_test1[' 判别鸢尾花类别 ']==
    iris_test1[' 原鸢尾花类别 ']])/len(iris_test1),
05              100*len(iris_test2[iris_test2[' 判别鸢尾花类别 ']==iris_test2[' 原鸢尾花
    类别 ']])/len(iris_test2),
06              100*len(iris_test3[iris_test3[' 判别鸢尾花类别 ']==iris_test3[' 原鸢尾花
    类别 ']])/len(iris_test3)]
```

Fisher 判别准确率计算结果见表 5-11，可知 3 个类别鸢尾花的判别准确率均为 100%，表明针对鸢尾花数据集，本章构建的 Fisher 判别方法有效。

表 5-11　　Fisher 判别准确率计算结果

类　别	判断准确率 /%
类别 0	100
类别 1	100
类别 2	100

5. 分析结论

由上述过程可知，我们实现了使用 Fisher 方法对鸢尾花数据集的判别分析，且在数据集比例为 8 : 2 前提下，判别准确率能达到 100%。但不难发现，对多类分类标准，需两两抽取分类准则，因此对代码的编写形式具有一定挑战性，需读者深入探索和尝试。

六、时间序列

（一）使用场景介绍

时间序列分析是一种动态数据处理的统计方法。该方法基于随机过程理论和数理统计学方法，研究随机数据序列遵从的统计规律，以解决实际问题。时间序列分析应用十分广泛，常用在国民经济宏观控制、区域综合发展规划、企业经营管理、市场潜量预测、气象预报、水文预报、地震前兆预报、农作物病虫灾害预报、环境污染控制、生态平衡、天文学和海洋学等方面，主要包括以下几个方面的研究分析：

（1）系统描述。根据对系统进行观测得到的时间序列数据，用曲线拟合方法对系统进行客观描述。

（2）系统分析。当观测值取自两个以上变量时，可用一个时间序列中的变化说明另一个时间序列中的变化，从而深入了解给定时间序列产生的机理。

（3）预测未来。时间序列模型拟合时间序列，预测该时间序列未来值。

（4）决策和控制。根据时间序列模型预测结论，可通过调整输入变量方式使系统发展过程保持在目标值上，即当预测到过程要偏离目标时可采取措施进行必要控制。

时间序列分析算法主要有 AR 模型、MA 模型、ARMA 模型、ARIMA 模型，这 4 种方法的异同见表 5–12。

表 5–12　部分时间序列分析算法的异同

算法名称	不同点	相同点
AR 模型	该模型认为通过时间序列过去时点的线性组合加上白噪声即可预测当前时点，其是随机游走的一个简单扩展	旨在解释事件序列内在的自相关性，以预测未来
MA 模型	该模型并非历史时序值的线性组合，而是历史白噪声的线性组合。与 AR 模型最大的不同是，AR 模型中历史白噪声的影响是间接影响当前预测值（通过影响历史时序值）	
ARMA 模型	该模型由 AR 模型和 MA 模型混合得出。AR 模型、MA 模型、ARMA 模型均只可用于稳定性数据	
ARIMA 模型	该模型是在 ARMA 模型基础上解决非平稳序列的模型，因此在模型中会对原序列进行差分	

下面主要通过案例形式说明 ARIMA 时间序列模型的使用方法。

（二）实例解析

1. 案例背景

太阳黑子是太阳表面上的暗点，其数量随太阳活动周期性的变化而变化。该数据集记录了几个世纪以来观测到的太阳黑子数量，是研究太阳活动周期性变化的重要数据之一，太阳黑子数量被视为太阳活动指标，与太阳磁场变化和活动有关。研究人员可使用该数据集分析太阳活动的周期性；通过观察太阳黑子数据，科学家可更好地理解太阳活动与地球气候、通信系统及其他与太阳活动相关现象间的关系。本次实验通过数据预处理，利用 ARIMA 模型进行预测，并利用评估模型等方法进行研究。

2. 数据情况介绍

此处使用太阳物理学领域的太阳黑子数据集。该数据集可通过使用 sm.datasets.sunspots 加载。其包含关于太阳活动的信息，特别是与太阳黑子数量相关的数据。该数据集是一个经典的时间序列分析问题，旨在研究太阳活动的周期性和变化趋势。数据集中包含一系列观测样本，每个样本都记录了特定时间段内观察到的太阳黑子数量。

数据集中的主要特征是“SUNACTIVITY”，其代表特定时间段内观察到的太阳黑子数量。该特征被用作分析太阳活动变化的主要依据。通过对这些数据进行时间序列分析，研究人员可发现周期性模式，从而探索太阳活动的不同阶段及可能的未来趋势。

3. 解决思路

目标：基于观察到的太阳黑子数量，预测太阳黑子数量。

实现过程：

（1）导入必要库和太阳黑子数据集。首先导入 pandas、numpy、sklearn 等相关模块，并从 SM 库中导入太阳黑子数量，查看 SM 中的太阳黑子数量。

（2）数据基本分析。查看变量中是否有空值，若有空值，则需对其进行处理，并进行数据探索分析，也包括缺失值处理。

（3）平稳性检验。ARIMA 模型要求时间序列数据是平稳的，因此需进行平稳性检验。可使用统计检验（如 ADF 检验）判断序列平稳性。

（4）差分操作。若数据不平稳，则进行一阶或多阶差分操作，以使其变为平稳序列。

（5）自相关和部分自相关分析。使用自相关函数（ACF）和部分自相关函数（PACF）分析并确定 ARIMA 模型参数。

（6）模型训练。基于自动选择参数，训练 ARIMA 模型。

（7）模型评估。使用部分训练数据进行模型训练，并使用剩余数据进行模型评估。可使用各种指标（如均方根误差、平均绝对误差等）评估模型的预测性能。

ARIMA 模型主要由以下参数构成：

（1）p（自回归阶数）。p 参数表示在当前时间步之前几个时间步的观测值对当前值的影响。较大 p 值表示模型需考虑更多过去观测值，因此具有更长记忆。

（2）d（差分阶数）。d 参数表示进行几阶差分，以使时间序列变得平稳，而平稳的序列更容易建模和预测。通常，d 值越大，序列越平稳，但过大的 d 值可能导致信息丢失。

（3）q（移动平均阶数）。q 参数表示当前时间步之前几个时间步的预测误差对当前值的影响。类似 p，较大 q 值表示模型需考虑更多的过去预测误差。

最后通过均方根误差（RMSE）对结果进行评判，RMSE 衡量了预测值与实际观测值间平均误差平方的均值。其可表示预测值与实际值间的平均距离，且 RMSE 越小，模型预测准确性越高。

4. 实现代码

```
# -*- coding: utf-8 -*-
import pandas as pd
import matplotlib.pyplot as plt
from statsmodels.graphics.tsaplots import plot_acf
from statsmodels.tsa.stattools import adfuller as ADF
from statsmodels.stats.diagnostic import acorr_ljungbox
from statsmodels.graphics.tsaplots import plot_predict
```

```
from statsmodels.tsa.arima.model import ARIMA
import statsmodels.api as sm
from statsmodels.graphics.tsaplots import plot_pacf
import numpy as np
from sklearn.metrics import mean_squared_error

# 加载数据
data = sm.datasets.sunspots.load_pandas().data[['SUNACTIVITY']]
data.index = pd.date_range(start='1700', end='2009', freq='A')
# 时序图
plt.rcParams['font.sans-serif'] = ['SimHei']  # 用来正常显示中文标签
plt.rcParams['axes.unicode_minus'] = False  # 用来正常显示负号
data.plot()
plt.show()
# 平稳性检验
diff = 0
adf = ADF(data)
while adf[1] > 0.05:
    diff = diff + 1
    adf = ADF(data.diff(diff).dropna())

print(u" 原始序列经过 %s 阶差分后归于平稳 , p 值为 %s" % (diff, adf[1]))
# 一阶差分时序图
data.diff().plot()
# 自相关图
plot_acf(data).show()
# 偏自相关图
```

```
plot_pacf(data).show()
# 白噪声检验
result = acorr_ljungbox(data.diff().dropna(), lags=1)
lb = result["lb_stat"]
p = result["lb_pvalue"]
# 定阶
# 寻找合适的 ARIMA 阶数
best_aic = np.inf
best_order_aic = None

# 遍历可能的 ARIMA 阶数
for p in range(5):
    for d in range(2):
        for q in range(5):
            try:
                model = ARIMA(data['SUNACTIVITY'], order=(p, d, q))
                results = model.fit(disp=-1)
                aic = results.aic

                if aic < best_aic:
                    best_aic = aic
                    best_order_aic = (p, d, q)
            except:
                continue

print(f"Best AIC Order: {best_order_aic}, AIC: {best_aic}")
# 建立 ARIMA 模型
```

```
res = ARIMA(data, order=(1,1,1)).fit()
# 查看模型相关
print(res.summary())
# 绘制预测图
fig, ax = plt.subplots()
ax = data.loc['1950':].plot(ax=ax)
plot_predict(res, '1990', '2012', ax=ax)
plt.show()
# 计算 RMSE
forecast = res.forecast(steps=10)
mse = mean_squared_error(data['SUNACTIVITY'][-10:], forecast)
rmse = np.sqrt(mse)
print(f"RMSE: {rmse}")
```

5. 分析结论

（1）平稳性检验

原始序列经过 1 阶差分后归于平稳，p 值为 1.715 552 423 167 133e–27。

（2）自相关图和偏自相关图

自相关图如图 5–4 所示，偏自相关图如图 5–5 所示。

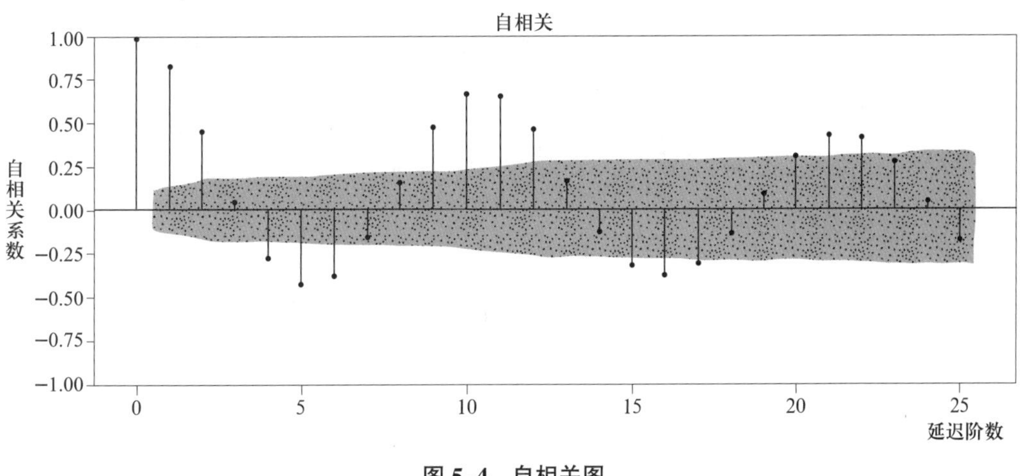

图 5–4　自相关图

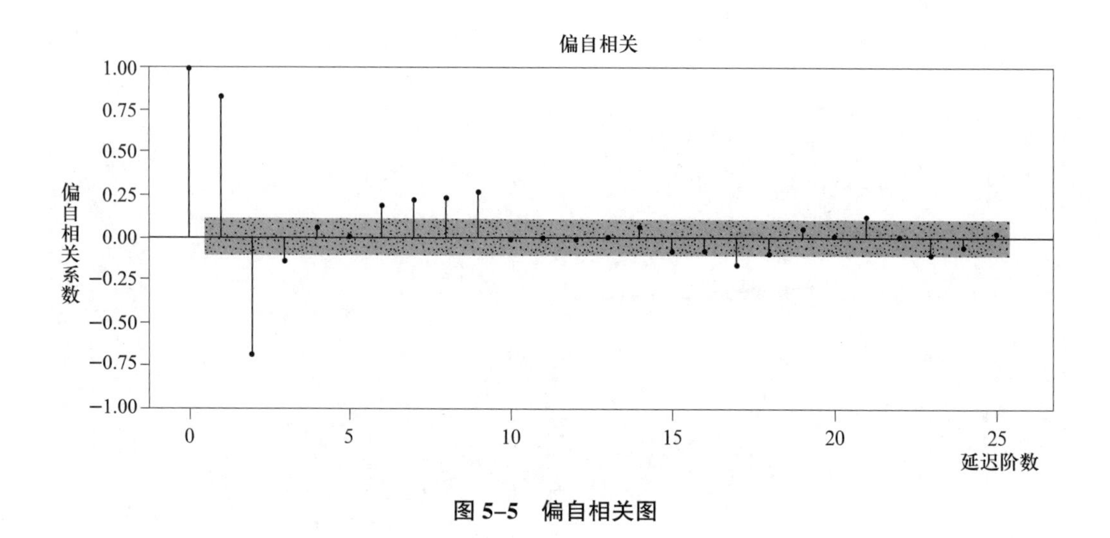

图 5–5　偏自相关图

（3）白噪声检验

p 值为 1.378 155 866 581 682e−21，因小于 0.05 拒绝原假设，为非噪声序列。

（4）定阶

可通过分析自相关函数（ACF）和部分自相关函数（PACF）确定参数最佳值。通过观察 ACF 图和 PACF 图，可得出关于 p、d、q 的初步估计。可使用不同参数组合拟合多个模型，并使用模型评估指标（如 AIC 或 BIC）选择最佳模型。

（5）模型评估

模型在测试集上的 R 方为 0.745 3，预测效果较好，RMSE（标准误差）为 5.016 8。

（6）预测效果图

将预测结果与真实值对比可看出，预测值与真实值基本吻合，虽然有轻微滞后，但也算是一个不错的模型。

第三节　数 据 挖 掘

近年来，数据挖掘引起了信息产业界的极大关注，其主要原因是数据爆炸式增长给知识获取造成了很大困难，人们迫切需要将这些数据转换成有用的信息和知识，数据挖掘便在这样的环境中得以发展和推广，并在不同领域内取得了显著效果。

本节主要介绍数据挖掘的相关概念，数据挖掘技术在人工智能中的地位，以及如何进行数据挖掘，数据挖掘都有哪些算法，不同的算法适用于什么样的应用场景，并基于当前主流开发工具 Python，利用常见数据挖掘算法解决实际的业务问题。

一、数据挖掘概论

（一）数据挖掘的起源与发展

数据挖掘起始于 20 世纪下半叶，是在当时多个学科发展的基础上发展起来的。随着数据库技术的发展应用，数据积累不断膨胀，导致简单的查询和统计已经无法满足企业的商业需求，急需一些革命性技术去挖掘数据背后的信息。同时，计算机领域的人工智能取得了巨大进展，进入了机器学习阶段。因此，人们将两者结合起来，用数据库管理系统存储数据，用计算机分析数据，并尝试挖掘数据背后的信息。这两者结合催生出一门新的学科，即数据库中的知识发现（knowledge discovery in databases，KDD）。在 1989 年 8 月召开的第 11 届国际人工智能联合会议的专题讨论会上，首次出现KDD这个术语。目前，KDD的重点已经从发现方法转向了实践应用。

数据挖掘是KDD的核心部分，是指从数据库的大量数据中揭示出隐含、先前未知并有潜在价值信息的非平凡过程，这些信息表现形式为规则、概念、规律及模式等。进入21世纪，数据挖掘成为一门比较成熟的交叉学科，数据挖掘技术随着信息技术的发展日益成熟。随着计算机技术的广泛应用，人们利用数据挖掘提高了数据利用效率，拓展了知识发现的广度和深度。数据挖掘已有较多成熟方法，并在各个领域的应用中取得了一定成果。

数据挖掘融合了数据库、人工智能、机器学习、统计学、高性能计算、模式识别、神经网络、数据可视化、信息检索和空间数据分析等多个领域的理论和技术，高度自动化地分析企业数据，做出归纳性的推理，从中挖掘出潜在模式，帮助决策者调整市场策略，降低风险，做出正确决策。数据挖掘是21世纪初期对人类产生重大影响的十大新兴技术之一。

（二）数据挖掘的方法体系及应用

数据挖掘是通过分析每个数据，从大量数据中寻找其规律的技术，主要有数据准备、规律寻找和规律表示三个步骤。数据准备是从相关数据源中选取所需数据并整合成用于数据挖掘的数据集；规律寻找是用某种方法将数据集所含的规律找出来；规律表示是尽可能以用户可理解的方式（如可视化）将找出的规律表示出来。数据挖掘任务有关联分析、聚类分析、分类分析、异常分析、回归分析、综合评价等。

数据挖掘利用了如下一些领域的思想：统计学的抽样、估计和假设检验，人工智能、模式识别和机器学习的搜索算法、建模技术和学习理论。同时，数据挖掘迅速接纳了其他领域的思想，这些领域包括最优化、进化计算、信息论、信号处理、可视化和信息检索等。数据挖掘技术需要数据库系统提供有效的存储、索引和查询处理支持，需要分布式处理技术进行海量数据集中处理。数据挖掘将这些技术组合起来解决某一业务问题。

1. 可挖掘的知识

可挖掘的知识主要包括以下四类：

（1）描述型知识。描述型知识用来回答“发生了什么”、体现的“是什么”知识。企业的周报、月报、商务智能分析等就是典型的描述型分析。描述型分析一般通过计算数据的各种统计特征，把各种数据以便于人们理解的可视化方式表达出来。

（2）诊断型知识。诊断型知识用来回答“为什么会发生这样的事情”。针对生产、销售、管理、设备运行等过程中出现的问题，找出出现问题的原因，诊断分析的关键是剔除非本质的随机关联和各种假象。

（3）预测型知识。预测型知识用来回答“将要发生什么”。在大数据时代，预测型分析的技术支持及全面性获得了极大提升，针对生产、经营、运维、设备运行状态中的各种问题，根据现在的可见因素（参数），通过预测性模型的构建与训练，预测未来可能发生的各种结果，从而进行前瞻性的决策。

（4）处方型（指导型）知识。处方型（指导型）知识用来回答“怎么办”的问题，针对已经和将要发生的问题，找出适当的行动方案，有效解决存在的问题，把工作做得更好。

总体而言，业务目标不同，所需条件、对数据挖掘的要求和难度就不同。上述四种问题的难度逐级递增，描述型知识的目标只是便于人们理解；诊断型知识有明确的目标和对错；预测型知识不仅有明确的目标和对错，而且要区分因果；处方型（指导型）知识往往要进一步与实施手段和流程创新结合。同一个业务目标可以有不同的实现路径，还可以转化成不同的数学问题。例如，处方型（指导型）知识可以用回归、聚类等多种办法实现，每种方法采用的变量也可以不同，故而得到的知识也不同，这就要求对实际的业务问题有深刻理解，并采用合适的数理逻辑关系描述。

2. 数据挖掘系统的体系结构

数据挖掘系统由数据库管理模块、挖掘前处理模块、挖掘操作模块、模式评估模块、知识输出模块组成，数据挖掘系统的体系结构如图 5-6 所示。

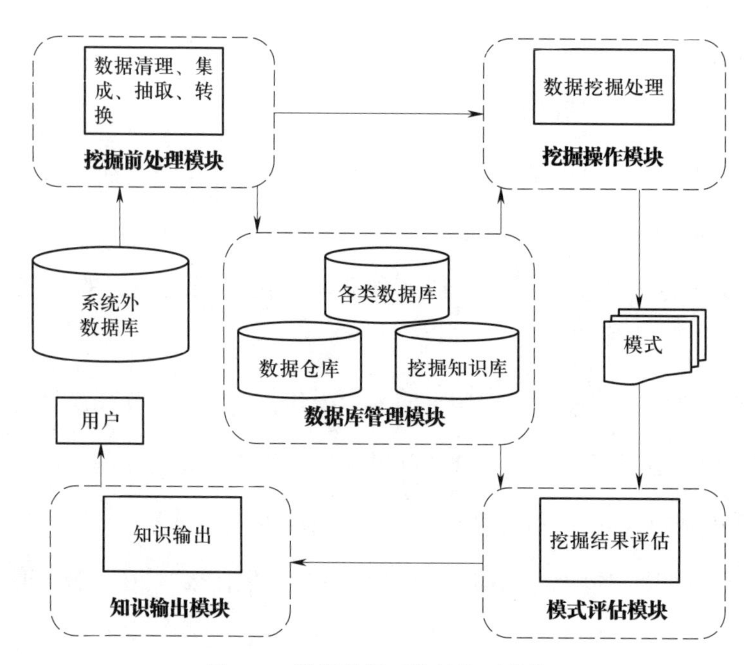

图 5-6　数据挖掘系统的体系结构

数据挖掘系统各个模块的具体功能如下：

（1）数据库管理模块负责对系统内数据库、数据仓库和挖掘知识库的维护与管理。这些数据库、数据仓库和挖掘知识库是对外部数据库进行转换、清理、净化得到的，是数据挖掘的基础。

（2）挖掘前处理模块对收集到的数据进行清理、集成、抽取、转换，生成数据仓库或数据挖掘库。其中，清理主要是清除噪声，集成是将多种数据源组合在一起，抽取是选择与问题相关的数据，转换是将选择数据转换成可挖掘形式。

（3）挖掘操作模块是针对数据库、数据仓库、数据挖掘库等，利用各种数据挖掘算法并借助挖掘知识库中的规则、方法、经验和事实数据等，挖掘和发现知识。

（4）模式评估模块是对数据挖掘结果进行评估。由于挖掘出的模式可能有许多，需要将用户兴趣度与这些模式进行分析对比，评估模式价值，分析不足原因，如果挖掘出的模式与用户兴趣度相差大，需返回相应过程（如挖掘前处理或挖掘操作）重新执行。

（5）知识输出模块对数据挖掘出的模式进行翻译和解释，并以人们易于理解的方式提供给决策者使用。

3. 数据挖掘的基本流程

数据挖掘的工作流程一般采用 CRISP-DM（即跨行业数据挖掘标准流程的缩写）方法，CRISP-DM 是一种业界公认的用于指导数据挖掘工作的方法，包含工程中各个典型阶段的说明、每个阶段包含的任务，以及这些任务之间关系的说明，如图 5-7 所示。

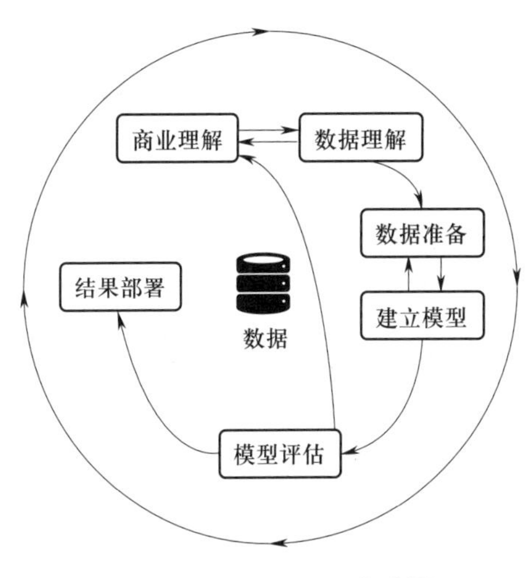

图 5-7　CRISP-DM 方法图

每个阶段的具体工作内容如下：

（1）商业理解。在初始阶段，必须从商业角度理解项目的目标和要求，并转化为数据挖掘问题的定义和实现目标的初步计划。

（2）数据理解。数据理解阶段始于对原始数据的收集，然后是熟悉数据，标明数据质量问题，探索数据，进而对数据有初步理解，发觉有趣的子集以形成对隐藏信息的假设。

（3）数据准备。数据准备阶段包括所有从原始未加工的数据构造最终数据集的活动（这些数据集指将要嵌入建模工具中的数据）。数据准备任务可能被实施多次，而且没有任何规定的顺序。这些任务包括表格、记录和属性的选择，以及按照建模工具要求对数据的转换和清洗。

（4）建立模型。在此阶段，主要是选择和应用各种建模技术，同时对其参数进行校准以达到最优值。通常同一数据挖掘问题类型会有多种模型技术。一些技术对数据格式有特殊要求，因此常常需要返回到数据准备阶段。

（5）模型评估。进入该阶段时，已经建立了一个（或者多个）模型。从数据分析角度看，该模型似乎有很高的质量。在模型最后发布前，有一点很重要——更彻底地评估模型和检查建立模型的各个步骤，从而确保其真正实现商业目标。关于数据挖掘结果的使用决定应该在此阶段结束时确定下来。

（6）结果部署。模型创建通常并不是项目结尾。即使建模目的是增加对数据的了解，其所获得的了解也需要进行组织并以一种客户能够使用的方式呈现出来，通常包括在一个组织的决策过程中应用“现场”模型。根据需要，发布过程可以简单到产生一个报告，也可以复杂到在整个企业中执行一个可重复的数据挖掘过程。

4. 数据挖掘在各行业的应用

数据挖掘被广泛应用到各个领域，下面对一些应用进行说明。

（1）智能制造领域

1）设备健康管理

预测性健康管理（prognostics health management，PHM）技术将设备管理与运维从事后维修、计划检修推向了状态检修阶段，提供故障从发现到解决的全过程一体化方案，核心功能包括状态监测、故障预测、原因分析、策略匹配、计划保障、维修辅助、维修保障等。为保障系统功能的精准性与高效性，以统计分析和机器学习等大数据挖掘技术为代表的故障预测与诊断方法逐渐被应用于 PHM 领域，快速推进了 PHM 技术的发展。

相关技术和方法包括统计分析、概率推理、分类预测、综合评价等，这些方法目前已经在实时状态监控、故障判别、健康诊断、寿命预测及辅助决策等多个场景得到应用和落地，并取得了非常不错的效果。

2）物料品质监控

制造业产品原物料品质的不稳定其实有迹可循，然而传统 SPC 监控要等到发生问题时才会发出警示，此时已经对产品品质造成影响，更不容易找出原因。数据挖掘技术则可以主动分析趋势变化，发现潜在问题并及早进行预警，以便及早解决（如更换物料、更换物料提供厂商等）问题来维持产品品质。

3）产品质量监控与提前警报

制造企业的制造过程参数相当多且彼此会互相影响，若因为制造过程参数偏移、非最优等影响产品品质，企业工程师只能依据经验进行综合调控或单一站点逐步追查，相当耗费时间。数据挖掘则通过建立产品品质预测模型，找到最佳制造过程参数黄金区间，一旦发现制造过程参数偏移到区间外，便即刻发出警报，让企业工程师可以立即进行调整。

4）供应链管理

①供应商管理。供应商作为制造企业源头，在供应链管理中占据重要地位。对供应商进行评价、动态预警，是企业选择、管理、监督供应商等一系列活动的基础和标准，尤为关键。借助供应商相关业务数据，将大数据算法引入供应商分类过程，对同类供应商各项指标展示进行对比分析，从而可以更直观地掌握供应商各方面的详细情况，实现对供应商的科学评估和精细化管理。

②采购管理。以采购人员的目标物资采购过程为例，采购行为产生的业务数据未进行深入分析与挖掘，导致采购管理仍处于较低水平。基于此类问题，我们通常运用大数据分析建模技术，建立基于目标物资采购尽职水平分析的评价数据模型，从而对采购人员履职全过程进行工作绩效综合评估，进而优化采购管理流程，完善采购管理相关制度。

5）配方改进

在连续型生产企业中，配方对产品质量影响非常大。例如，在水泥加工过程中，原料中的氧化钙、氧化镁、二氧化硅、三氧化二铝、硅酸二钙等成分的含量，对最终水泥成品中游离氧化钙有一定影响，而游离氧化钙的含量是判定水泥质量的一个重要指标。我们可以根据历史数据，通过数据挖掘方法，分析配方中不同成分含量的变化与最终成品质量的关系，找出影响成品质量的重要因素配比或阈值，从而优化产品生产配方，提高产品质量。

（2）智慧能源领域

1）售电量预测

售电量是电网企业经营的主要产品，是电网企业进行经营管理的重要经济指标，是售电电价、销售利润、线损管理等一系列指标计算的基础数据。由于售电量变化受多种不确定因素的影响，如国民经济发展、天气变化、电价政策引导变化、电网设备特性变化、用电方式变化等，导致目前售电量预测准确度有较大难度。准确预测月度售电量对电网企业的经营决策起重要作用，正确预测所辖区域的售电量，能为供电企业提供重要的营销决策支持，对发电厂、输配电网等的合力运行起重要作用。

通过数据挖掘方法，电网企业可以综合考虑天气、温度、业扩、季节、节假日、宏观经济、疫情等因素，可以进行多层次、多粒度、多角度售电量精准预测，从而指导发电厂、输配电网等合力运行，为经营管控提供数据依据。

2）低压窃电用户快速精准识别

窃电是导致线损率升高的一项重要因素，目前电力公司反窃电主要通过例行用电检查和采用数据构建人工规则来判断。但是，这种方式检查出的窃电用户具有随机性，且人工规则得出的疑似窃电清单数量往往数以万计，远远超出稽查力度。因此，电力公司需要研究更加有效的反窃电方法，以提高窃电用户识别的精准度。

通过数据挖掘方法，电力公司在采集用电信息采集系统及营销系统等信息系统线损电量、电压电流、用电异常事件等实时数据基础上，分别构建疑似窃电用户辨识模型、用电异常用户识别模型，实现对用电异常情况进行智能分析，自动、精准、快速地识别高概率的窃电用户，使用电检查更精准化，为实地取证高效化提供了保障。

3）居民住宅空置率分析

以电力客户用电量等相关服务数据作为基础，结合部分外部数据，对地区的住宅空置情况进行分析，相关部门即可掌握居民住房入住情况、出返某地和人口迁移情况，以及住房空置率与经济区域的关联关系，创新性地把物理用电信息与社会活动信息联系起来，使电力数据发挥社会管理、商业应用价值——不仅在应用场景上进行探索，而且可助力政府住房和城建部门制定相关调控政策，为国家电网调配电网建设和供电服务策略提供了一定参考。

4）配变精准投资分析

随着生产、生活用电负荷的不断攀升，供电企业原有配变设备承受的负荷日趋严重，成为电网安全运行的重大隐患。随着科技进步及管理水平提升，设备智能化管控

手段已经有了较大发展，但管控手段依然依靠业务人员经验，造成设备综合利用率不高、资源浪费、胡乱投资等问题。

供电企业从配变设备精准投资入手，一是找出长期重过载的配变，利用月度最大负荷预测技术对其未来负荷进行预测，结合配变自身额定容量数据，进行精准投资；二是对配变可利用容量进行预测，结合新报装用户需求及负荷特性分析成果，进行合理方案制定，保障配变设备综合利用效率。

（3）医疗健康领域

数据挖掘在医学大数据研究中已经取得了较多成果，主要体现在以下三个方面：

1）疾病早期预警

疾病早期预警医疗领域往往需要更精确的实时预警工具，而基于数据挖掘疾病早期预警模型的建立，有助于提高疾病的早期诊断、预警和监护水平，也有利于医疗机构采取预防和控制措施，以减少疾病恶化及并发症的发生。

疾病早期预警首先要收集与疾病相关的指标数据或危险因素，然后建立模型，从而发现隐含在数据中的发病机制和病情之间的联系。例如，采集日常监测的心率、舒张压、收缩压、平均血压、呼吸率、血氧饱和度等生命体征数据，并通过数据挖掘算法建立疾病预警模型，用于远程家庭监测，以识别未曾诊断过的疾病，并将监测结果发送到医疗急救机构，实现生命体征大数据、病人及医疗机构的完整衔接，以降低突发疾病发生率和死亡率。

2）疾病关键因素识别

糖尿病、高血压、心血管等慢性病一直影响人们的健康，识别慢性病危险因素并建立预警模型，有助于降低慢性疾病并发症的发生。例如，建立心脏病预警系统，从心脏病大数据库中提取特征指标，通过 K–means 聚类算法识别出心脏病危险因素，再通过 Apriori 算法挖掘高频危险因素与心脏病危险等级之间的关联规则；通过回归分析和 SVM 等方法预测和判断糖尿病不同治疗方式与不同年龄组之间的最佳匹配，为患者选择最佳治疗方式提供依据。

3）辅助医学诊断

医学数据不仅体量大，而且错综复杂、相互关联。对大量医学数据进行分析，挖掘出有价值的诊断规则，可以为疾病诊断提供参考。例如，基于决策树算法和 Apriori 算法，对肺癌病理报告与临床信息之间的关联性进行研究，可以为肺癌病理分期诊断提供依据，从而可以回避诊断中需要手术方法获取病理组织；通过对乳腺超声数据进行关联规则挖掘，建立乳腺病理诊断与超声诊断之间的关联规则，就可以在此基础上开发乳腺超声数据库数据检索系统，从而便于医生快速获得超声诊断和病理诊断的信息。

（4）电信领域

1）客户流失预警

随着电信市场的发展，客户选择电信产品及电信企业的空间越来越大，电信企业之间对客户的争夺也越来越激烈。面对日益激烈的市场竞争环境，电信企业传统、被动式服务体系已无法满足客户需要和应对对手挑战。为留住最有价值的客户，电信企业需要开展有效的保留活动。

2）客户满意度分析

客户满意是指客户通过对一个产品或服务的可感知效果或结果与其期望值相比较后，形成的愉悦或失望的感觉状态。客户满意度是对客户满意水平的量化。客户的高度满意和愉悦是对产品品牌情绪上的共鸣，而不仅仅是一种理性偏好。正是这种共鸣，使客户对产品品牌高度忠诚。客户满意度研究能帮助企业把有限资源集中到客户最看重的特性方面，从而取得提升客户忠诚度并留住客户的效果。

3）渠道管控

在电信运营模式中，渠道是连接产品和客户的唯一路径，了解各种渠道的优势、劣势及健康度情况，有助于提高渠道的发展效率，可为企业降低成本，提升服务水平。通过对渠道进行数据挖掘，运营商一方面可以掌握用户的渠道偏好，提高用户发展效率；另一方面通过掌握渠道健康情况，可以提升渠道管控能力，降低企业成本。

4）竞争对手分析

成熟的市场必然是一个充满竞争的市场。不同运营商客户之间的互联互通是最基本的前提，因此，通过对客户与竞争对手客户之间通话的行为分析，运营商可以建立有关竞争对手经营和客户服务模型，如竞争对手客户发展模型。运营商通过对这些模

型的使用，可以制定有效的市场应对策略。

从过往通话记录中，运营商可以掌握对手的客户量、业务量、客户增长情况等，以预测对手下一步的市场策略，先发制人，并分析其他竞争对手之间的竞争策略，评估其对各方的影响。

5）客户画像

运营商可以基于客户终端信息、位置信息、通话行为、手机上网行为轨迹等数据，为每个客户打上人口统计学特征、消费行为、上网行为和兴趣爱好等标签，并借助数据挖掘技术（如分类、聚类等）进行客户分群，完善客户的360度画像，深入了解客户行为偏好和需求特征。

6）关系链研究

运营商可以通过分析客户通讯录、通话行为、网络社交行为及客户资料等数据，开展交往圈分析，尤其是利用各种联系记录形成的社交网络丰富对客户的洞察，进一步利用数据挖掘方法发现各种圈子，以及圈子中的关键人员，并识别家庭和政企客户，分析社交圈子，以寻找营销机会。

7）个性化推荐

利用客户画像信息、客户终端信息、客户行为习惯偏好等，运营商可以为客户提供定制化服务，如优化产品、流量套餐和定价机制，以实现个性化营销和服务，从而提高客户满意度。

（5）金融领域

1）风险管理

数据挖掘在银行业的重要应用之一是风险管理，如信用风险评估。银行可通过构建信用评级模型，评估贷款人或信用卡申请人的风险。信用风险评估能对银行数据库中的所有账户指定信用评级标准，用若干数据库查询就可以得出信用风险列表。这种对高低风险的评级或分类，是基于每个客户的账户特征，如尚未偿还的贷款、信用调降报告记录、账户类型、收入水平及其他信息等，而利用数据挖掘方法可给出目标的信用等级评分，银行再根据信用评分决定是否接受其申请，并确定信用额度。

2）金融诈骗识别

通过数据挖掘，银行可以对异常信用卡的使用情况进行识别，并确定极端客户的消费行为。根据历史数据，银行可以评定具有信贷风险客户的特征和背景，对可能造成风险损失的客户，在对其资信和经营预测基础上，运用系统方法对信贷风险的类型和原因进行识别、估测，发现引起贷款风险的诱导因素，有效控制和降低信贷风险的发生。通过建立信用欺诈模型，银行可以发现具有潜在欺诈性的事件，并进行欺诈侦查分析，从而预防和控制资金非法流失。

3）获取客户

发现和开拓新客户对任何一家银行来说都至关重要。通过探索性数据挖掘方法，如自动探测聚类和购物篮分析，银行可以找出客户数据库中的特征，并预测对银行活动的响应率，然后将那些有利特征与新的非客户群进行匹配，以增强营销活动效果。

数据挖掘还可从银行数据库存储的客户信息中，根据事先设定的标准找到符合条件的客户群，也可以把客户进行聚类分析，让其自然分群，通过对客户的服务收入、风险等相关因素的分析、预测和优化，找到新的可赢利目标客户。

4）保留客户

通过数据挖掘，在发现流失客户的特征后，银行可以在具有相似特征的客户未流失前，采取额外增值服务、特殊待遇和激励忠诚度等措施保留客户。例如，使用信用卡损耗模型，可以预测哪些客户将停止使用本行信用卡，而转用竞争对手的卡，根据数据挖掘结果，银行可以采取措施保持这些客户对本行的信任。当得出可能流失的客户名单后，银行可以采取相应措施，争取留住客户。

为防止客户流失，银行必须了解客户的需求。数据挖掘可以识别导致客户转移的关联因子，找出当前客户中相似的可能转移者，通过孤立点分析法发现客户的异常行为，从而使银行避免不必要的客户流失。数据挖掘工具还可以对大量客户资料进行分析，建立数据模型，确定客户的交易习惯、交易额度和交易频率，分析客户对某个产品的忠诚程度、持久性等，从而使银行能为他们提供个性化定制服务，提高客户忠诚度。

5）优化客户服务

银行业竞争日益激烈，而对客户的服务质量是关系银行发展的重要因素。客户是

一个可能根据年费、服务、优惠条件等因素不断流动的群体，为客户提供优质和个性化的服务，是取得客户信任的重要手段。根据二八原则，银行业 20%的客户创造了 80%的价值，而银行要对这 20%的客户提供最优质的服务，前提是发现这 20%的重点客户，而重点客户的发现通常由一系列数据挖掘实现。例如，通过分析客户对产品的应用频率、持续性等指标判别客户的忠诚度，通过对交易数据的详细分析鉴别哪些是银行希望保持的客户。找到重点客户后，银行就能为其提供有针对性的服务。

（三）数据挖掘的主流工具

1. SPSS Modeler

SPSS Modeler 工具的工作台最适合处理文本分析等大型项目，其可视化界面非常有价值。其允许在不编程的情况下生成各种数据挖掘算法。其也是可异常检测、贝叶斯网络、CARMA、Cox 回归及使用多层感知器进行反向传播学习的基本神经网络。SPSS Modeler 界面友好，使用简单，且功能强大，可以编程，能解决绝大部分机器学习的问题。另外，因其有一个可以点击的交互界面，所以 SPSS 在政府和教育行业更受欢迎。

2. Weka

Weka 全名是怀卡托智能分析环境（Waikato environment for knowledge analysis），其主要开发者来自新西兰。Weka 作为一个公开的数据挖掘工作平台，集合了大量能承担数据挖掘任务的机器学习算法，包括对数据进行预处理、分类、回归、聚类、关联规则及在新的交互式界面上的可视化。

Weka 高级用户可以通过 Java 编程和命令行调用其分析组件。同时，Weka 也为普通用户提供了图形化界面，即 Weka knowledge flow environment 和 Weka explorer。和 R 相比，Weka 在统计分析方面较弱，但在机器学习方面要强。

3. RapidMiner

RapidMiner 原名 YALE，用于机器学习和数据挖掘实验的环境，用于研究和实际的数据挖掘任务，是世界领先的数据挖掘开源系统。该工具以 Java 编程语言编写，通过基于模板的框架提供高级分析。

RapidMiner 具有丰富数据挖掘分析和算法功能，常用于解决各种商业关键问题，如营销响应率、客户细分、客户忠诚度及终身价值、资产维护、资源规划、预测性维修、质量管理、社交媒体监测和情感分析等。

RapidMiner 具有以下特点：

（1）能够拖拽建模，自带 1 500 多个函数，无须编程，简单易用，同时也支持各常见语言代码编写，以符合程序员个人习惯和实现更多功能。

（2）RapidMiner 社区版和基础版免费开源，能连接开源数据库，商业版能连接几乎所有数据源，功能更强大。

（3）具有丰富的扩展程序，如文本处理、网络挖掘、Weka 扩展、R 语言等。

（4）提供数据提取、转换和加载功能。

（5）可以生成和导出数据、报告，具备可视化功能。

（6）具有为技术性和非技术性用户设计的交互式界面。

（7）通过 WebServices 应用将分析流程整合到现有工作流程中。

4. KNIME

KNIME（konstanz information miner）是一个对用户友好、智能、开源的平台，具有数据集成、数据处理、数据分析和数据勘探等功能。其使用户有能力以可视化方式创建数据流或数据通道，可以选择性地运行一些或全部分析步骤。KNIME 由 Java 写成，基于 Eclipse，并通过插件方式提供更多功能。用户可以为文件、图片和时间序列加入处理模块，并可以集成到其他各种各样的开源项目中。

5. R

R 语言由于具备开源、丰富的算法和数据挖掘模型、强大的画图能力和可拓展能力等特性，已经成为高校和企业界最受欢迎的数据挖掘软件。

R 语言几乎覆盖整个统计领域最前沿的算法，具有广泛、便捷的数据接口。例如，R-base 可以良好地接入 CSV（comma separated values）数据扩展包，直接读入 SPSS、SAS、Minitab、Stata、Excel 等文件；通过数据库，读取 MySQL、SQL Server、DB2、Oracle 等数据库，甚至直接读取图片、语音、网页等非结构化数据。R 语言还可以通过不同的加载包，调用其他开源数据挖掘软件。例如，通过加载 rattle 包，调出 rattle 工具的操作界面（图形化建模工具）；通过加载 RWeka 包，可以应用 Weka 工具的各种数据挖掘算法；可以通过 Rjava 包在 Java 中调用 R 中的命令。

6. Python

Python 在数据分析和交互、探索性计算及数据可视化等方面显得比较活跃，这就是 Python 作为最受欢迎数据分析工具的原因之一。Python 拥有 NumPy、Matplotlib、Scikit-learn、Pandas、IPython 等工具，在科学计算方面有明显优势，尤其是 Pandas，在处理中型数据方面有明显优势，已经成为数据分析中主流的分析工具。

Python 具有强大的编程能力，该编程语言不同于 R 或者 MATLAB，Python 有非常强大的数据分析能力，还可以用于网络爬虫、游戏开发及自动化运维，Python 在这些领域中有广泛应用，其优点是使开发人员可以解决所有业务服务问题，充分体现了 Python 有利于各个业务之间的融合，能够大大提高数据分析效率。

二、关联规则

（一）使用场景介绍

在数据科学中，关联规则用于发现数据集之间的相关性和“共现”（即共同出现），以及用于发现信息存储库（如关系数据库和事务数据库）中存在的数据模式。发现关联规则的行为，称为“关联规则挖掘”或“关联挖掘”。关联规则是通过在数据中搜索频繁的 if-then 模式并使用“support”和“confidence”识别最重要的关系创建的。“support”为支持度，支持度表示项目在数据中出现的频率。“confidence”为置信度，置信度表示 if-then 语句被发现为真的次数。第三个度量为“lift”，可用于比较置信度与预期置信度，或者 if-then 语句预计被发现为真的次数。

关联规则挖掘的一个典型例子是购物篮分析，关联规则挖掘有助于发现交易数据库中不同商品之间的关系，找出顾客的购买行为模式，如购买某一商品对购买其他商品的影响。其分析结果可以应用于商品货架布局、货存安排，以及根据购买模式对用户进行分类。

在药品方面，医生可以使用关联规则帮助诊断患者。医生做出诊断时需要考虑许多变量，因为许多疾病有共同症状。通过使用关联规则和机器学习驱动数据分析，医生可以通过比较过去病例数据中的症状关系，确定给定疾病的条件概率，机器学习模型还可以根据新的诊断调整规则，以反映更新的数据。

在零售方面，零售商可以收集购买模式数据，并在销售点系统扫描商品条码时记录购买数据。关联规则模型可以在这些数据中寻找“共现”，以确定哪些产品最有可能被一起购买。然后，零售商可以根据这些信息调整营销和销售策略。

在用户体验设计上，开发人员可以收集消费者如何使用他们创建网站的数据，并使用数据中的关联优化网站用户界面。例如，通过分析用户倾向点击的位置以使用户点击率最大化。

在娱乐方面，Netflix 和 Spotify 等服务可以使用关联规则为其内容推荐引擎提供动力。关联规则模型通过分析过去用户行为数据的频繁模式，开发关联规则，并使用这些规则推荐用户可能参与的内容。

使用关联规则的常用算法包括 Apriori、FP-growth 等，见表 5-13。

表 5-13　使用关联规则的常用算法

算法名称	算法描述	算法特点
Apriori	Apriori 算法仅使用前一次传递的大项集生成候选项集。前一次的大项集与自身相连，生成所有大小不一的项集，然后删除每个生成的带有一个不大子集的项集。剩余的项集是候选项。Apriori 算法认为频繁项集的任何子集也是频繁项集	Apriori 算法的操作具有两个明显的缺点：一是需要对数据库进行多次扫描，因此在读写操作上会花费很多时间，从而增加挖掘算法的时间成本，这种成本的增加不可小觑；二是 Apriori 算法会出现众多的候选频繁项集，频繁项集的产生量在每一步都很大，会使算法在广泛度和深入度上的适应性较差
FP-growth	FP-growth 算法是关联规则算法中深度优化的一种算法，且是深度优化算法中较新和具有较高成效的一种。FP-growth 算法的基本步骤是先生成频繁模式树 FP-tree，再在生成的 FP-tree 频繁模式树中搜索频繁项集	相较 Apriori 算法，该算法只需要对数据库进行两次扫描，不需要多次扫描，大幅度降低了挖掘算法的时间成本；不会出现大量候选项集，大幅度减少了频繁项集的搜索空间。也就是说，FP-growth 算法能明显提高时间和空间效率。但是，该算法也有缺点，在对庞大且松散的数据库进行挖掘处理的过程中，不管是递归计算还是信息挖掘，都需要占据大量空间

（二）实例解析

1. 案例背景

为研究不同电影流派间的关联性，帮助制片人、导演和发行商更好地了解观众偏

好，进而优化电影制作和营销策略。本次分析使用的数据是 1 682 部电影各方面描述的数据，包含电影名称、发行年份、所属流派等变量，通过数据预处理和 Apriori 算法分析不同流派间的关系。

2. 数据情况介绍

这里使用来自 kaggle 上关于用户对电影评分的数据，数据集包含电影 ID、电影标题、发布日期、影片发布日期、IMDb 链接等方面的数据。从输出信息可以看出，该训练集包含 1 682 行，每一行包含电影 ID、电影标题、发布日期、影片发布日期、IMDb 链接等共计 24 个特征列，其中后 19 个字段是电影流派，1 表示电影属于该流派，0 表示电影不属于该流派；电影可以同时属于多个流派。数据表结构见表 5–14。

表 5–14　数据表结构

字段名称	数据类型	字段描述
movie_id	整型（int64）	电影 ID
movie_title	字符串（object）	电影标题
release_date	字符串（object）	发布日期
video_release_date	浮点型（float）	影片发布日期
MDb_URL	字符串（object）	IMDb 链接
……		
War	整型（int64）	战争
Western	整型（int64）	西部

3. 解决思路

目标：基于电影所属流派数据，分析电影流派间的关联关系。

实现过程：

（1）数据获取

首先收集电影信息相关数据，理解数据的含义、结构和特征。

（2）数据预处理

将数据处理成算法需要的格式，选择最终需要带入算法的那个，并进行缺失值处理，计算各特征缺失值占比，对不同缺失值占比情况采用不同的缺失值处理手段。

（3）数据探索

应用关联规则算法前，对数据进行探索性分析，帮助了解数据的特征、分布和相关性。可视化技术通常用于发现数据中的模式和规律。

（4）应用关联规则挖掘算法

选择 Apriori 算法，在预处理后的数据上运行关联规则挖掘算法，找出频繁项集和生成关联规则。

Apriori 的使用语句如下：

```
apriori(movie_genres,max_len=None, min_support=0.02, n_jobs=1, use_colnames=True)
association_rules(freq_items, metric='lift', min_threshold = 1.00, support_only=False)
```

常用参数如下：

- min_support：最小支持度。
- min_confidence：最小置信度。
- min_lift：最小提升度。
- max_length：最大项集长度。

针对本次电影流派关联关系分析任务，采用 Apriori 算法对其进行分析，调整最小支持度 min_support 分别为 0.05、0.04、0.03、0.02、0.01。

4. 实现代码

（1）导入相关库并载入数据，进行数据探索分析。

```
import pandas as pd
import numpy as np
import matplotlib.pyplot as plt
import seaborn as sns
from mlxtend.frequent_patterns import apriori, association_rules
```

```
pd.set_option('display.expand_frame_repr', False)
pd.set_option('display.max_columns', None)
# load the u.item  file into a dataframe
''' 有关项目(电影)的信息
最后 19 个字段是电影的流派,1 表示电影属于该流派,0 表示不属于;电影可以同时属于多个流派
电影 ID 与 u.data 数据集中使用的 ID 相同 '''
uitem_cols = ['movie_id', 'movie_title', 'release_date', 'video_release_date', 'MDb_URL', 'unknown', 'Action',
              'Adventure', 'Animation', 'Childrens', 'Comedy', 'Crime', 'Documentary', 'Drama', 'Fantasy', 'Film-Noir',
              'Horror', 'Musical', 'Mystery', 'Romance', 'Sci-Fi', 'Thriller', 'War', 'Western']
uitem = pd.read_csv(r'D:\pycharm\project\apriori_ml\ml-100k\u.item',
        sep='|', names=uitem_cols, encoding='latin-1')
print(uitem.head())
print(uitem.dtypes)

# 使用正则表达式找到括号之间存储的年份
# 使用括号指定正则表达式,这样就不会与电影标题中含有年份的情况发生冲突
uitem['year'] = uitem.movie_title.str.extract('(\(\d\d\d\d\))',expand=False)
# 移除括号
uitem['year'] = uitem.year.str.extract('(\d\d\d\d)',expand=False)
# 从 'movie_title' 列中移除年份
uitem['movie_title'] = uitem.movie_title.str.replace('(\(\d\d\d\d\))', '')
# 消除可能出现的任何末尾空白字符
uitem['movie_title'] = uitem['movie_title'].apply(lambda x: x.strip())
print(uitem.head())
```

```
# data = pd.merge(uitem, udata, on="movie_id")
# 从评分数据集中移除不需要的特征
uitem.drop(['release_date', 'video_release_date', 'MDb_URL'], axis=1, inplace=True)
print(uitem.head())

# 缺失值
missing_value = pd.DataFrame({
    'Missing Value': uitem.isnull().sum(),
    'Percentage': (uitem.isnull().sum() / len(uitem))*100
})
print(missing_value.sort_values(by='Percentage', ascending=False))
uitem.dropna(inplace=True)
# 在删除空值后，索引范围会发生变化，因此需要重置索引
uitem['year'] = uitem['year'].astype('int64')
uitem.reset_index(inplace=True, drop=True)

genres = uitem.iloc[:, 2:21]
# 描述性统计
# 相关性
corr_matrix = genres.corr()

plt.figure(figsize=(11, 9))
dropSelf = np.zeros_like(corr_matrix)
# np.fill_diagonal(dropSelf, True)
dropSelf[np.triu_indices_from(dropSelf)] = True
# dropSelf = dropSelf.astype(bool)
```

```
    # sns.set(style="whitegrid", font_scale=1.5)
    sns.heatmap(corr_matrix, cmap=sns.diverging_palette(220, 10, as_cmap=True),
annot=True, fmt=".2f", mask=dropSelf)
    #
    sns.set(font_scale=1.5)
    plt.show()
    # 每种流派的电影数量
    test = genres.sum()
    test = test.iloc[1:]
    print(test)
    print(type(pd.to_numeric(test)))
    print(type(test.to_numpy().reshape(18,)[0]))
    test2 = test.to_numpy().reshape(18,)
    genre_list = ['Action', 'Adventure', 'Animation', 'Childrens', 'Comedy', 'Crime',
'Documentary', 'Drama', 'Fantasy',
                'Film-Noir', 'Horror', 'Musical', 'Mystery', 'Romance', 'Sci-Fi', 'Thriller', 'War',
'Western']

    x = np.arange(18)
    plt.figure(figsize= (10, 5))
    plt.bar(x, test2, color = 'g')
    plt.xticks(x, genre_list, rotation = 'vertical')
    plt.xlabel('Genre')
    plt.ylabel('Number of Movies')
    plt.title('Movies per Genre')
    sns.set(font_scale=1.5)
    plt.show()
```

（2）使用 Apriori 算法对电影流派数据进行关联规则分析。

```
# 关联规则
movie_genres = genres.copy()
# 对电影的流派进行关联分析
movie_genres.head()


freq_items = apriori(movie_genres, min_support=0.02, use_colnames=True)
df_ar = association_rules(freq_items, metric='lift', min_threshold = 1.00)
# 基于提升度对值进行排序
df_ar = df_ar.sort_values(by='lift', ascending= False)
print(df_ar.head(15))
```

（3）对结论进行分析。

使用 Apriori 算法对流派间的关联关系进行分析，调整最小支持度 min_support 分别为 0.05、0.04、0.03、0.02、0.01，发现当最小支持度为 0.05 时，输出的关联规则条数过少；经调整选择最小支持度为 0.02 时，输出关联规则，可以得出最终结果。

三、分类预测

（一）使用场景介绍

分类预测是根据训练数据和类别标号，通过现有数据训练出分类模型，并对新数据进行类别预测的方法。分类预测是一个有监督的学习过程，目标数据库中有哪些类别是已知的，分类过程需要做的就是把每一条记录归到对应的类别中。由于必须事先知道各个类别信息，并且所有待分类的数据条目都默认有对应的类别。因此，分类算法也有局限性。

分类预测的应用十分广泛。例如，基于海量公交数据记录，可以挖掘市民在公共交通中的行为模式；基于各大银行及运营商的数据，可以进行个人征信评估；基于互联网海量图片，可以通过对图像数据进行学习，达到对图像进行分类的目的；基于文

本内容，进行垃圾短信识别。

分类预测的主要目标是确定新数据所属类别，分类预测的常用算法见表 5-15。

表 5-15　　分类预测的常用算法

算法名称	算法描述	算法特点
逻辑回归	逻辑回归类似线性回归，适用于因变量不是一个数值的情况（如一个“是 / 否”的响应）。其虽然被称为回归，但却是基于根据回归的分类，将因变量分为两类	逻辑回归的表达能力有限，离散化后可以增加非线性特征；对异常数据有很强的鲁棒性；可以进行特征交叉；较稳定，不会因为少数特征变化而发生显著性能变化
K- 近邻（KNN）算法	KNN 算法是一种最简单的分类算法，通过识别被分成若干类的数据点，以预测新样本点的分类。KNN 是一种非参数算法，是“懒惰学习”的著名代表，其根据相似性（如距离函数）对新数据进行分类	KNN 是一种非参、惰性的算法模型。该算法对分类预测效果好，对异常值不敏感，但是对内存要求较高，因为该算法存储了所有训练数据，预测阶段可能很慢
支持向量机	支持向量机是二类分类器。本质是找到一个超平面，能正确划分训练数据且几何间隔最大。求解算法是求凸二次规划的最优化算法	用支持向量机解决多分类问题存在困难；支持向量机对大规模训练样本难以实施
朴素贝叶斯算法	朴素贝叶斯分类器建立在贝叶斯定理基础上，是基于特征之间互相独立的假设（假定类中存在一个与任何其他特征无关的特征）。即使这些特征相互依赖，或者依赖其他特征存在，朴素贝叶斯算法都认为这些特征是独立的。这样的假设过于理想，朴素贝叶斯也因此而得名	朴素贝叶斯模型逻辑简单，易于实现，分类过程中时空开销小。其假设属性之间相互独立，该假设在实际应用中往往不成立。在属性个数较多，或者属性之间相关性较大时，分类效果不好
决策树	决策树以树状结构构建分类或回归模型。其通过将数据集不断拆分为更小的子集使决策树不断生长，最终长成具有决策节点（包括根节点和内部节点）和叶节点的决策树	决策树是一种构建分类模型的非参数方法。其不要求任何先验假设，不假定类和其他属性服从一定的概率分布。已开发的构建决策树技术不需要昂贵的计算代价，即使训练集非常大，也可快速建立模型。此外，决策树一旦建立，未知样本分类非常快，最坏情况下的时间复杂度是 $O(w)$，其中，w 为决策树的最大深度

（二）实例解析

1. 案例背景

为深入研究葡萄酒的品种分类问题，选择使用Scikit-learn中的Wine数据集作为研究对象，旨在通过随机森林分类器解决多类别的葡萄酒分类问题。该数据集包含不同品种的葡萄酒样本，每个样本都有多个化学性质特征，如酒精含量、酸度等。可通过数据预处理、特征工程，以及构建随机森林模型，探索如何有效地将这些葡萄酒样本分为不同的品种。最后，通过评估模型在测试集上的性能衡量随机森林在解决这个分类问题上的表现。

2. 数据情况介绍

这里使用Scikit-learn中的Wine数据集，包含葡萄酒种类和其他各方面的描述。

从输出信息可以看出，该训练集中包含142行，每一行中包含酒精含量、苹果酸含量、灰分含量、葡萄酒种类等共计14个特征列。与查看测试集的方法类似，但测试集中只包含13个特征列，这是因为训练集比测试集多一个该数据对应的实际标签列，也就是葡萄酒的种类。加载数据，得到葡萄酒描述和种类数据，见表5–16、表5–17。

3. 解决思路

目标：基于Wine数据集特征，构建一个随机森林分类器，能够将不同类型的葡萄酒分成三个类别。

表5–16　数据表结构

字段名称	数据类型	字段描述
alcohol	浮点型（float）	酒精含量
malic_acid	浮点型（float）	苹果酸含量
ash	浮点型（float）	灰分含量
alcalinity_of_ash	浮点型（float）	灰分碱度
……		
od280/od315_of_diluted_wines	浮点型（float）	稀释酒的吸光度比值
proline	浮点型（float）	脯氨酸含量

表 5–17　　样例数据集

alcohol	malic_acid	ash	alcalinity_of_ash	od280/od315_of_diluted_wines	proline
14.34	1.68	2.7	25	1.96	660
12.53	5.51	2.64	25	1.69	515
12.37	1.07	2.1	18.5	2.77	660
13.48	1.67	2.64	22.5	1.78	620
13.07	1.5	2.1	15.5	2.69	1 020

实现过程：

（1）数据获取和预处理

加载 Wine 数据集，将数据集分为训练集和测试集，并进行数据标准化。

（2）训练集与测试集划分

为使实验有显著效果，保证训练集和测试集拥有良好的数据一致性，使用 Sklearn 库中的 train_test_split( ) 函数将原始数据集划分为训练集和测试集，分配比例为训练集：测试集 =8：2，分配比例可依据实际情况进行修改，具体使用方法同分类预测。

（3）模型构建

基于 Sklearn 中的随机森林分类算法 RandomForestClassifier 构建分类模型，对测试数据进行种类预测，并计算准确率、召回率、F1。

随机森林回归的使用语句如下：

```
RandomForestClassifier(n_estimators=100, *, criterion='gini', max_depth=None,
min_samples_split=2, min_samples_leaf=1, min_weight_fraction_leaf=0.0, max_
features='auto', max_leaf_nodes=None, min_impurity_decrease=0.0, min_
impurity_split=None, bootstrap=True, oob_score=False, n_jobs=None, random_
state=None, verbose=0, warm_start=False, class_weight=None, ccp_alpha=0.0, max_
samples=None)
```

常用参数如下：

1）n_estimators：森林中的树木数量。

2）max_depth：树的最大深度。

3）min_samples_split：拆分内部节点所需的最小样本数。

4）min_samples_leaf：叶节点所需的最小样本数。

针对本次葡萄酒种类分类任务，采用随机森林分类算法对其进行分类，使用随机森林分类算法对数据进行训练时，使用 GridSearchCV 搜索参数空间，以找到最佳参数组合。

最后通过计算准确率、召回率、F1 对模型效果进行判断。准确率衡量模型正确分类的样本比例；召回率衡量模型正确找出正样本的能力；F1 分数综合了准确率和召回率，是一个综合性评估指标。F1 分数是介于 0 和 1 之间的值，用于综合考虑模型的准确率和召回率。F1 分数越大越好，因为其是模型在同时考虑准确率和召回率时的平衡表现。F1 分数的最大值是 1，表示完美的分类器，能够同时达到最高准确率和召回率。

4. 实现代码

（1）导入相关库并载入数据，进行数据预处理，由于 Wine 数据集已经相对干净，我们将使用原始特征进行建模，不需要特别的特征工程步骤。

```
from sklearn.datasets import load_wine
from sklearn.model_selection import train_test_split, GridSearchCV
from sklearn.ensemble import RandomForestClassifier
from sklearn.metrics import accuracy_score, recall_score, f1_score, confusion_matrix
from sklearn.preprocessing import StandardScaler

# 加载 Wine 数据集
wine_data = load_wine()
X = wine_data.data
y = wine_data.target
```

```
# 数据集划分为训练集和测试集
X_train, X_test, y_train, y_test = train_test_split(X, y, test_size=0.2, random_state=42)

# 数据标准化
scaler = StandardScaler()
X_train_scaled = scaler.fit_transform(X_train)
X_test_scaled = scaler.transform(X_test)
```

（2）使用 GridSearchCV 搜索最佳参数，通过随机森林分类算法对训练集进行训练，再使用训练好的模型对测试集数据进行预测，计算出准确率等，并评价训练效果。

```
# 创建随机森林分类器
rf_classifier = RandomForestClassifier(random_state=42)

# 定义参数网格
param_grid = {
    'n_estimators': [100, 200, 300],
    'max_depth': [None, 10, 20],
    'min_samples_split': [2, 5, 10],
    'min_samples_leaf': [1, 2, 4],
    'max_features': ['auto', 'sqrt', 'log2']
}

# 使用 GridSearchCV 搜索最佳参数
grid_search = GridSearchCV(rf_classifier, param_grid, cv=5)
grid_search.fit(X_train_scaled, y_train)
```

```
# 输出最佳参数
print(" 最佳参数 :", grid_search.best_params_)

# 在测试集上进行预测
y_pred = grid_search.predict(X_test_scaled)

# 计算模型评估指标
accuracy = accuracy_score(y_test, y_pred)
recall = recall_score(y_test, y_pred, average='weighted')
f1 = f1_score(y_test, y_pred, average='weighted')
conf_matrix = confusion_matrix(y_test, y_pred)

print(f" 准确率 : {accuracy}")
print(f" 召回率 : {recall}")
print(f"F1 分数 : {f1}")
print(" 混淆矩阵 :\n", conf_matrix)
```

（3）对结论进行分析。

使用随机森林分类对数据进行训练，使用 GridSearchCV 搜索最佳参数，最佳参数为 {'max_depth':None, 'max_features':'auto', 'min_samples_leaf':1,'min_samples_split': 2, 'n_estimators':100}，使用随机森林分类的最终结果见表 5–18。

表 5–18　　使用随机森林分类的最终结果

accuracy	1.0
recall	1.0
F1	1.0

模型在测试集上的 F1 高达 1.0，预测效果非常好，能够同时达到最高准确率和召回率。

根据测试集的真实值与预测值构建出混淆矩阵，见表 5–19。

表 5–19　　真实值与预测值构建混淆矩阵

计算结果 \ 品种		预测值		
		葡萄酒品种 1	葡萄酒品种 2	葡萄酒品种 3
真实值	葡萄酒品种 1	14	0	0
	葡萄酒品种 2	0	14	0
	葡萄酒品种 3	0	0	8

从混淆矩阵可以看出，模型在该任务中的性能非常出色。每个类别都没有产生错误预测，准确率非常高，意味着模型在预测该三个类别葡萄酒品种时表现得非常可靠。

四、回归预测

（一）使用场景介绍

回归预测是机器学习中常见的一类预测算法，回归预测是一种有监督算法，用来建立“解释”变量（自变量 X）和观测值（因变量 Y）之间的关系，在算法学习过程中，试图寻找一个函数 h：$R_n>R$ 以使参数之间的关系拟合性最好。在回归算法中，算法的最终结果是一个连续数据值，输入值（属性值）是一个 d 维度的属性 / 数值向量。

回归预测的应用十分广泛。例如，基于多源数据的青藏高原湖泊面积预测，通过研究青藏高原湖泊面积变化的多种影响因素，构建青藏高原湖泊面积预测模型；网约车出行流量预测，如果预测到在未来一段时间内某些地区的出行需求量比较大，则可以提前对营运车辆提供一些引导，有指向性地提高部分地区的运力，从而提升乘客的整体出行体验；电影票房预测，依据历史票房数据、影评数据、舆情数据等互联网公众数据，对电影票房进行预测；红酒品质评分，基于红酒的化学特性，如酸性、含糖量、氯化物含量、硫含量、酒精度、pH 值、密度等，构建机器学习模型，对红酒品质进行评分。

回归预测主要有线性回归、决策树回归、Lasso 回归、随机森林回归等，见表 5–20。

表 5-20　　回归预测的常用算法

算法名称	算法描述	算法特点
线性回归	线性回归是指完全由线性变量组成的回归模型。单变量线性回归（single variable linear regression）是一种使用线性模型来建模单个输入自变量（特征变量）和输出因变量之间关系的技术；多变量线性回归（multi variable linear regression）用于建模多个独立输入变量（特征变量）与输出因变量之间的关系	建模快速简单，特别适用要建模的关系不是非常复杂且数据量不大的情况；有直观理解和解释；线性回归对异常值非常敏感
决策树回归	决策树回归模型根据特征向量决定对应的输出值。回归树就是将特征空间划分成若干单元，每一个划分单元有一个特定输出。因为每个结点都是“是”和“否”的判断，所以划分的边界平行于坐标轴。对测试数据，我们只要按照特征将其归到某个单元，便得到对应的输出值	决策树回归模型可以应用于所有包含数值特征和分类特征的数据；决策树擅长捕捉特征和目标变量之间的非线性交互；决策树在某种程度上符合人类的思维方式，因此理解数据非常直观
Lasso 回归	Lasso 代表最小绝对收缩和选择算法。收缩基本的定义为对属性或参数的约束。该算法通过查找模型属性并对其应用约束来运行，该约束导致某些变量的回归系数向零收缩。回归系数为零的变量被排除在模型之外。因此，Lasso 回归分析本质是一种收缩和变量选择方法，其有助于确定哪些预测变量最重要	Lasso 回归使一些系数变小，甚至使一些绝对值较小的系数直接变为 0，因此特别适用参数数目缩减与参数的选择
随机森林回归	随机森林回归是决策树的集合（组合）。其是一种用于分类和回归的监督学习算法，通过在训练时构造不同数量的决策树执行，并输出各个树的类模式（用于分类）或平均预测（用于回归）	随机森林回归在当前很多数据集上，相对其他算法有很大优势，表现良好；其能够处理很高维度的数据，并且不用做特征选择，因为特征子集是随机选择。但是，在某些噪声较大的分类或回归问题上，其会存在过拟合问题

（二）实例解析

1. 案例背景

糖尿病数据集是介绍统计学方法中的稳健性方法，后来其被广泛用于机器学习领域，旨在预测糖尿病患者的疾病进展情况。该数据集被广泛用于机器学习和统计分析的教学和实践，以展示回归算法的应用。

2. 数据情况介绍

本案例使用Scikit-Learn自带糖尿病数据集，该数据集包含442个样本，每个样本有10个特征。这些特征可能包括患者的年龄、性别、BMI指数、血压、血清胰岛素、血清总胆固醇等，还有一个目标变量，表示疾病进展的测量指标。加载数据，得到相应特征信息和样例数据，见表5-21、表5-22。

表5-21　　数据表结构

字段名称	数据类型	字段描述
age	浮点型（float）	年龄
sex	浮点型（float）	性别
bmi	浮点型（float）	BMI值
bp	浮点型（float）	BP值
……		
s6	浮点型（float）	—
target	浮点型（float）	疾病进展的测量指标

表5-22　　样例数据集

age	sex	bmi	bp	s6	target
59.0	2.0	32.1	101.0	87.0	151.0
48.0	1.0	21.6	87.0	69.0	75.0
72.0	2.0	30.5	93.0	85.0	141.0
36.0	1.0	30.0	95.0	85.0	220.0
36.0	1.0	19.6	71.0	92.0	57.0

3. 解决思路

目标：基于一系列生理特征，预测疾病进展的测量指标。

实现过程：

（1）数据获取和基本分析

首先通过Sklearn.Datasets模块导入糖尿病数据集（diabetes dataset），并利

用 NumPy、Pandas 等基础库进行数据探索分析，包括缺失值处理、计算相关性矩阵等。

（2）训练集与测试集划分

为实验能够有显著效果，保证训练集和测试集拥有良好的数据一致性，使用 Sklearn 库中的 train_test_split( ) 函数将原始数据集划分为训练集和测试集，分配比例为训练集：测试集 =8：2，分配比例可依据实际情况进行修改。

（3）回归模型构建

基于 Sklearn 中的线性回归算法 LinearRegression 构建回归模型，对测试数据进行预测。

线性回归的使用语句如下：

```
LinearRegression(fit_intercept=True, copy_X=True, n_jobs=None, positive=Fasle)
```

参数的具体含义如下：

1）fit_intercept：布尔值，默认为 True。如果为 True，模型会拟合截距；如果为 False，模型将不会拟合截距。

2）copy_X：布尔值，默认为 True。如果为 True，在拟合过程中，输入特征会被复制；如果为 False，拟合过程中不会复制输入特征，可能会在原地进行修改。

3）n_jobs：int 型，默认为 None。表示用于计算的作业数量。

4）Positive：布尔值，默认为 False。如果为 True，模型将强制系数为正（大于等于零）。

针对本任务，采用线性回归进行预测，参数使用默认值，并通过均方误差 MSE 对模型结果进行评估。MSE 是衡量预测值与真实值之间差异的一种常用指标。在机器学习中，MSE 通常用于评估回归模型性能，其计算出了预测值与实际值之间平方差的平均值，且 MSE 越小，表示模型的预测越接近真实值。

4. 实现代码

（1）导入相关库并载入数据，进行数据探索分析及拟合模型。

```
# 导入相关包
import math
import numpy as np
import pandas as pd
from sklearn import datasets
from sklearn.model_selection import train_test_split
from sklearn.linear_model import LinearRegression
from sklearn.metrics import mean_squared_error
import matplotlib.pyplot as plt
from sklearn.preprocessing import StandardScaler
import seaborn as sns

# 加载数据，加载数据为标准化后数据，导入原数据设置 scaled=False
diabetes = datasets.load_diabetes()
X = diabetes.data
y = diabetes.target

# 计算相关系数矩阵
df = pd.DataFrame(X, columns=diabetes.feature_names)
df_corr = df.corr(method='pearson')
# 绘制热力图
plt.subplots(figsize=(5, 5)) # 设置画面大小
sns.heatmap(df_corr, square=True, cmap='Blues')
plt.show()

# 探索目标变量与单个特征的关系
columns = 3
```

```
rows = math.ceil(X.shape[1] / columns)
plt.figure(figsize=(10, 12))
for i in range(X.shape[1]):
    plt.subplot(rows, columns, i + 1)
    plt.plot(X[:, i], y, 'b+')
    plt.title(diabetes.feature_names[i])
plt.subplots_adjust(hspace=0.8)
plt.show()

# 划分训练集与测试集
X_train, X_test, y_train, y_test = train_test_split(X, y, test_size=0.2)
# 创建线性回归实例
lr = LinearRegression()
# 拟合模型
lr.fit(X_train, y_train)
# 预测测试集数据
y_pred = lr.predict(X_test)

# 计算误差
y_train_predict = lr.predict(X_train)
error_train = mean_squared_error(y_train, y_train_predict)
error_test = mean_squared_error(y_test, y_pred)
print(" 训练数据误差 {}".format(round(error_train, 2)))
print(" 测试数据误差 {}".format(round(error_test, 2)))

# 将预测结果和真实结果可视化
plt.plot(y_pred, 'r-', label='predict_value')
```

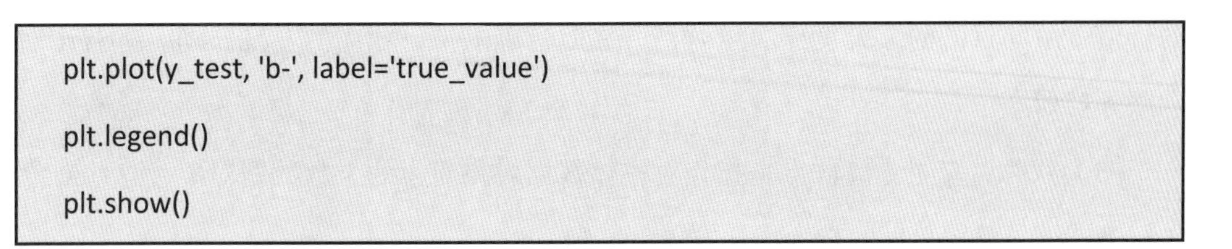

```
plt.plot(y_test, 'b-', label='true_value')
plt.legend()
plt.show()
```

（2）对结论进行分析。

线性回归是利用线性回归方程的最小二乘函数对一个或多个自变量和因变量之间关系进行建模的一种回归分析。普通线性回归无须对模型参数进行过多调整。结果分析见表 5-23。

表 5-23　　结果分析

指　　标	数　　值
训练数据误差	2 859.61
测试数据误差	2 986.82

五、聚类分析

（一）使用场景介绍

聚类是将数据聚集到不同类簇的一个过程，属于无监督学习范畴。事实上，聚类是一个无监督的分类，没有任何先验知识可用。聚类算法的聚类结果有一定的不可预见性，在实际应用中，应根据数据类型选择合适的聚类算法和恰当的相似性度量方式，以取得最佳聚类效果。与分类不同，聚类无须事先给出一个类别标准，而是从样本特征出发，使相似的样本自动聚集到一起。同一个类簇中的样本有较大相似性，而不同类簇间的样本则有较大不同。

聚类分析常见的应用场景如下：

（1）目标用户的群体划分。通过对特定运营目的和商业目的挑选出的指标变量进行聚类分析，把目标群体划分成几个具有明显区别特征的细分群体，从而可以在运营活动中为其提供精细化、个性化的运营和服务，最终提升运营效率。

（2）不同产品的价值组合及异常值探测等。企业可以按照不同的商业目的，并依照特定指标标量对众多产品种类进行聚类分析，把企业产品体系进一步细分成具有不同价值、不同目的的多维度产品组合，并在此基础上拟订相应的开发计划、运营计划和服务规划。

（3）离群点探测。离群点是指相对整体数据对象而言的少数数据对象，这些对象的行为特征与整体数据的行为特征有较大区别。

根据著名的“没有免费午餐定理（no free lunch theorem）”可知，没有任何一种聚类算法可以普遍适用于任意场景。因此，聚类效果在很大程度上取决于聚类方法的选择。聚类方法有不同的类别标准，通常基于划分、层次、密度、网格、模型等。常用聚类算法简介见表 5-24。

表 5-24　常用聚类算法简介

算法名称	算法描述	算法特点
K-means	K-means 是一种迭代求解的算法，其步骤是预先将数据分为 K 组，随机选取 K 个对象作为初始聚类中心，然后计算每个对象与各个种子聚类中心之间的距离，把每个对象分配给距其最近的聚类中心。聚类中心及分配给它们的对象就代表一个聚类。每分配一个样本，聚类中心就会根据现有对象重新计算。这个过程将不断重复直到满足终止条件	适用于球状或团状的密集型数据，对噪声比较敏感，容易受初始簇心位置的影响
FCM	模糊 C 均值（FCM）算法是在 K-means 硬聚类算法基础上，进行软改造形成的。FCM 目标函数的定义方法和 K-means 划分方法类似，但其权重矩阵不再是非 0 即 1 的矩阵，而是基于模糊理论使用概率表示	适用于球状、密集型数据，对噪声不敏感，容易受初始簇心位置的影响；当数据服从正态分布时，效果较好
DB-SCAN	DB-SCAN 是一种基于密度的聚类算法。该聚类算法的一般假定类别可以根据样本分布的紧密程度决定。同一类别的样本之间是紧密相连的，也就是说，在该类别任意样本周围不远处一定有同类别的样本存在。通过将紧密相连的样本划为一类，就得到了一个聚类类别。通过将所有各组紧密相连的样本划为各个不同的类别，就可以得到最终的所有聚类类别结果	适用于海量高维数据，易于发现各种形状的类簇，对噪声不敏感
层次聚类	层次聚类试图在不同层次对数据集进行划分，从而形成树形聚类结构。数据集的划分可采用“自底向上”的聚合策略，也可采用“自顶向下”的分拆策略。例如，AGNES 是一种采用自底向上聚合策略的层次聚类算法。其先将数据集中的每个样本看作一个初始聚类簇，然后在算法运行的每一步中找出距离最近的两个聚类簇进行合并。该过程不断重复，直至达到预设的聚类簇个数。这里的关键是如何计算聚类簇之间的距离	无须设置类簇数，适用于具有潜在层次特征的数据，或者想要得到数据层次特征的情形

续表

算法名称	算法描述	算法特点
高斯混合聚类	K-means 实际上是高斯混合聚类的一种特殊情况，当类簇之间的协方差接近 0 时，高斯混合聚类就等价于 K-means。高斯混合聚类分为 E 步和 M 步，即期望值计算和期望最大化	适用于任意形状的数据，当数据服从正态分布时，效果较好，支持混合成分；在数据量大时，速度较慢

（二）实例解析

1. 案例背景

使用 Scikit-learn 库进行 K-means 聚类，以对 Iris 数据集中的花朵进行聚类分析。我们的目标是使用 K-means 算法将花朵分成不同的簇，以探索花朵之间的相似性和差异性。

2. 数据情况介绍

Iris 数据集包含 150 个样本，每个样本具有四个特征，即 sepal length（花萼长度）、sepal width（花萼宽度）、petal length（花瓣长度）和 petal width（花瓣宽度）。这些特征用于描述三种不同种类的鸢尾花——Setosa、Versicolor 和 Virginica。加载数据得到鸢尾花特征数据，见表 5-25、表 5-26。

表 5-25　数据表结构

字段名称	数据类型	字段描述
sepal length	浮点型（float）	花萼长度
sepal width	浮点型（float）	花萼宽度
petal length	浮点型（float）	花瓣长度
petal width	浮点型（float）	花瓣宽度

表 5-26　样例数据集

sepal length	sepal width	petal length	petal width
5.1	3.5	1.4	0.2
4.9	3.0	1.4	0.2
4.7	3.2	1.3	0.2
…	…	0	…
4.6	3.1	1.5	0.2
5.0	3.6	1.4	0.2

3. 解决思路

目标：通过 K–means 聚类算法，将 Iris 数据集中的花朵划分成不同的簇，从而找到可能的花朵类别，并揭示数据中的隐藏结构。

实现过程：

（1）数据获取和预处理

首先加载 Scikit–learn 中的鸢尾花数据集，并对数据集进行归一化处理。在 K–means 聚类中，对数据进行归一化或标准化通常是一个重要的步骤，有助于确保各个特征在相同的尺度范围内，从而避免某些特征对聚类结果的影响过大。

（2）模型构建

使用 K–means 算法进行聚类，选择合适的聚类数量，让数据自然分组。

K–means 算法的具体代码如下：

```
K-Means(n_clusters=8, *, init='k-means++', n_init=10, max_iter=300, tol=0.0001,
precompute_distances='deprecated', verbose=0, random_state=None, copy_x=True,
n_jobs='deprecated', algorithm='auto')
```

常用参数如下：

1）n_clusters。要形成的簇数及要生成的质心数。

2）max_iter。相对容忍度与 Frobenius 范数，连续两次迭代之间聚类中心的差异声明收敛。

3）precompute_distances。预计算距离。

4）random_state。确定用于质心初始化的随机数生成。

4. 实现代码

（1）导入相关库并载入数据，进行数据归一化。

```
import pandas as pd
import matplotlib.pyplot as plt
from sklearn.datasets import load_iris
```

```
from sklearn.preprocessing import StandardScaler
from sklearn.cluster import KMeans
from sklearn.decomposition import PCA

# 加载 Iris 数据集
data = load_iris()
# 查看数据集的基本信息，包括数据形状、数据类型等
print(" 数据形状 :", data.data.shape)
print(" 数据类型 :", data.data.dtype)
data_df = pd.DataFrame(data.data, columns=data.feature_names)
print(data_df.head())
print(data_df.dtypes)
X = data.data
# y = data.target

# 对数据进行标准化
scaler = StandardScaler()
X_scaled = scaler.fit_transform(X)
```

（2）首先使用 K–means 算法对数据进行聚类。其次使用主成分分析（PCA）将数据降维至二维，以便进行可视化。最后根据聚类结果绘制散点图，用不同颜色表示不同簇，并在图上标出聚类中心位置。具体代码如下：

```
# 使用 K-means 聚类
num_clusters = 3
kmeans = KMeans(n_clusters=num_clusters, random_state=42)
kmeans.fit(X_scaled)
```

```
    y_kmeans = kmeans.predict(X_scaled)

    # 使用 PCA 降维至 2 维方便可视化
    pca = PCA(n_components=2)
    X_pca = pca.fit_transform(X_scaled)

    # 可视化聚类结果
    plt.scatter(X_pca[y_kmeans == 0, 0], X_pca[y_kmeans == 0, 1], s=50, c='red',
label='Cluster 1')
    plt.scatter(X_pca[y_kmeans == 1, 0], X_pca[y_kmeans == 1, 1], s=50, c='blue',
label='Cluster 2')
    plt.scatter(X_pca[y_kmeans == 2, 0], X_pca[y_kmeans == 2, 1], s=50, c='green',
label='Cluster 3')

    # 绘制聚类中心
    plt.scatter(kmeans.cluster_centers_[:, 0],
    kmeans.cluster_centers_[:, 1], s=200, c='yellow',
    label='Centroids')

    plt.xlabel('PCA Component 1')
    plt.ylabel('PCA Component 2')
    plt.title('K-means Clustering of Iris Dataset')
    plt.legend()
    plt.show()
```

（3）分析结论

使用 Scikit-learn 库对 Iris 数据集进行 K-means 聚类。通过聚类分析，我们可以更好地了解花朵之间的相似性和差异性，有助于对数据集中花朵的分类有更深入的认识。代码使用 K-means 算法将花朵分为三个簇，并通过可视化呈现了聚类结果。

六、综合评价

（一）使用场景介绍

在日常生活中，经常要对不同事物或现象进行比较和评价，再利用其结果进行恰当处理。由于事物或现象的复杂性，可以将其视为一个复杂系统，而该系统会受到很多因素的影响。因此，对其进行评价时需要兼顾各个方面因素，若对影响系统的模糊因素处理不到位，就可能会得到错误或偏差较大的评价结果，从而造成损失。因此，多数情况下，评价事物或现象往往需要涉及多个层次、多个方面的指标，再进行综合评价，从而得出更加科学合理的结论。

综合评价方法也称多变量综合评价方法或多指标综合评估技术，是指根据一定的评价目的，采用不同评价方式，选择多个因素或指标，通过一定的评价方法，将多个评价因素或指标转化为能反映评价对象总体特征的信息或单个指标的过程。其基本思想是将多个评价指标转化成一个能反映整体情况的综合指标，以对评价对象进行优劣排序或分档。

综合评价方法广泛应用于社会的方方面面。典型的应用场景有优秀学生干部评选、企业业绩评价、地区发展状况评价、大学综合排名等。几乎所有的综合性活动都可以运用综合评价方法。例如，对优秀学生干部进行评选，除学习成绩外，也要兼顾他们平时表现、与班上同学的关系及自身素养等因素。

综合评价方法有很多种，每种方法各有优缺点，综合评价方法简介见表 5–27。

表 5–27　　综合评价方法简介

算法名称	算法描述	算法特点
层次分析法	将多个指标两两成对比较，确定判断矩阵，进行权重决策计算	通常作为综合评价的权重计算环节使用或单独使用，具有决策花费时间短、条理清晰等特点，适合在经济系统中进行决策，但其主观成分很大，容易受决策者影响
模糊综合评价法	基于模糊数学，将某些指标模糊化后进行评价	常用于构建综合评价体系，对多层次的复杂问题能起到较好的评判作用。其评价信息也较为丰富，除能够按照综合分值大小进行评价和排序外，还可根据隶属度原则评定对象等级。但其无法解决评价指标间的信息冗余问题，且具有一定的主观性

续表

算法名称	算法描述	算法特点
熵值法	根据各项指标所提供的信息，结合各项指标的变异程度，计算出各指标的权重	可基于因子分析方法得到一级指标权重，然后通过熵值法得到二级指标权重，最终构建权重体系或独立使用
TOPSIS	基于评价对象与理想化目标的接近程度，对评价对象排序	具有实现过程简单、应用灵活等特点，但其不适用对类别型变量的处理，且灵敏度不高，通常适用工作效益或质量分析等有关场景

（二）实例解析

1. 案例背景

当涉及多个评价指标和多个待评估选项时，可利用综合评价方法做出决策。其主要目标是将各种不同类型的信息和评价因素整合在一起，以便为每个待评估选项分配一个综合得分，从而使决策者能够更客观地做出选择。这种算法通常涉及对各个评价指标权重进行确定，以反映其相对重要性，然后利用这些权重和具体评价数据计算每个选项的综合得分。

在本案例中，某用户需要在三套房子中选择一套较为满意的房子。为帮助用户做出决策，可以采用 AHP（层次分析法）算法来进行综合评价。

2. 解决思路

目标：使用 AHP 算法，帮助用户在三套房子中选择一套最满意的房子。

实现过程：

（1）层次结构模型构建

某用户决定购买一套新住宅，经过初步调查研究确定了三套候选房子 A、B、C，同时把影响购买新房的因素归纳为四个标准：房子的地理位置及交通、房子的居住环境、房子结构布局和设施、房子每平方米单价。

层次结构模型构建如图 5-8 所示。

（2）判断矩阵构造

根据相关层内指标之间的隶属度关系，构造判断矩阵，a_{ij} 为要素 i 与要素 j 之间重要性等级比较结果，且满足 $a_{ij}=\dfrac{1}{a_{ji}}$。判断 a_{ij} 的比例标度，见表 5-28。

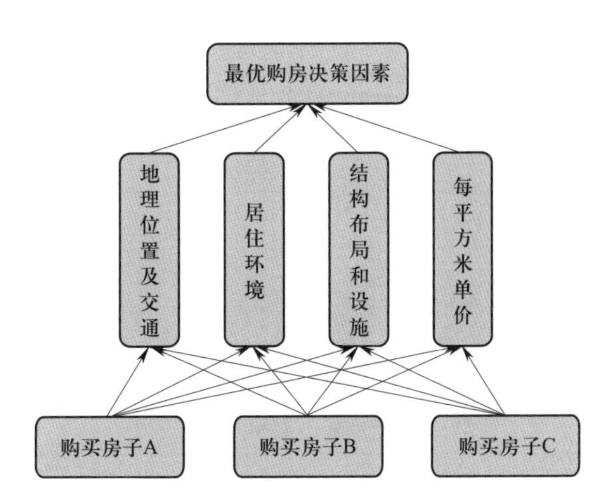

图 5-8　层次结构模型构建

表 5-28　比例标度

同等重要	稍微重要	较强重要	强烈重要	极端重要
1	3	5	7	9

根据上述判断矩阵构造规则构造出的判断矩阵见表 5-29 至表 5-33。

表 5-29　最优购房决策因素判断矩阵

决策因素	最优购房决策因素			
	地理位置及交通	居住环境	结构布局和设施	每平方米单价
地理位置及交通	1	2	7	5
居住环境	1/2	1	4	3
结构布局和设施	1/7	1/4	1	1/2
每平方米单价	1/5	1/3	2	1

表 5-30　地理位置及交通情况判断矩阵

房子类型	地理位置及交通		
	房子 A	房子 B	房子 C
房子 A	1	2	8
房子 B	1/2	1	6
房子 C	1/8	1/6	1

表 5-31　　居住环境判断矩阵

房子类型	居住环境		
	房子 A	房子 B	房子 C
房子 A	1	2	5
房子 B	1/2	1	2
房子 C	1/5	1/2	1

表 5-32　　结构布局和设施判断矩阵

房子类型	结构布局和设施		
	房子 A	房子 B	房子 C
房子 A	1	1	3
房子 B	1	1	3
房子 C	1/3	1/3	1

表 5-33　　每平方米单价判断矩阵

房子类型	每平方米单价		
	房子 A	房子 B	房子 C
房子 A	1	3	4
房子 B	1/3	1	1
房子 C	1/4	1	1

（3）一致性检验

为检验各评价指标之间重要的协调性程度，要进行判断矩阵的一致性检验。当 n=2 时，2 阶正或反矩阵总是一致的，所以不用进行一致性检验；当 n>2 时，用 CR 表示矩阵的一致性比率。

$$CR=\frac{CI}{RI}$$

$$CI=\frac{\lambda_{\max}-n}{n-1}$$

式中，CR 为一致性比率，RI 为平均一致性指标（见表 5-34），CI 为一致性指标，

n 表示指标个数，λ_{max} 表示判断矩阵的最大特征值。当 $CR \leqslant 0.1$ 时，就认为判断矩阵具有可接受的一致性。

表 5-34　　平均一致性指标

n 阶	3	4	5	6	7	8
RI 值	0.52	0.89	1.12	1.26	1.36	1.41
n 阶	9	10	11	12	13	14
RI 值	1.46	1.49	1.52	1.54	1.56	1.58

（4）计算权重

利用判断计算每个因素相对上一层次因素的权重。

（5）计算综合得分并做出决策

将各个层次的权重与评价数据相结合，计算每个选项的综合得分。根据计算出的综合得分，选择具有最高得分的房子作为最终决策。

3. 实现代码

```
import numpy as np
import pandas as pd
import warnings
class AHP:
    def __init__(self, criteria, samples):
        self.RI = (0, 0, 0.58, 0.9, 1.12, 1.24, 1.32, 1.41, 1.45, 1.49)
        self.criteria = criteria
        self.samples = samples
        self.num_criteria = criteria.shape[0]
        self.num_project = samples[0].shape[0]

    def calculate_weights(self, input_matrix):
        input_matrix = np.array(input_matrix)
```

```
        n, n1 = input_matrix.shape
        assert n==n1, "the matrix is not orthogonal"
        for i in range(n):
            for j in range(n):
                if np.abs(input_matrix[i,j]*input_matrix[j,i]-1) > 1e-7:
                    raise ValueError("the matrix is not symmetric")
        eigen_values, eigen_vectors = np.linalg.eig(input_matrix)
        max_eigen = np.max(eigen_values)
        max_index = np.argmax(eigen_values)
        eigen = eigen_vectors[:, max_index]
        eigen = eigen/eigen.sum()
        if n > 9:
            CR = None
            warnings.warn("can not judge the uniformity")
        else:
            CI = (max_eigen - n)/(n-1)
            CR = CI / self.RI[n-1]
        return max_eigen, CR, eigen
    def calculate_mean_weights(self,input_matrix):
        input_matrix = np.array(input_matrix)
        n, n1 = input_matrix.shape
        assert n == n1, "the matrix is not orthogonal"
        A_mean = []
        for i in range(n):
            mean_value = input_matrix[:, i]/np.sum(input_matrix[:, i])
            A_mean.append(mean_value)
```

```
        eigen = []
        A_mean = np.array(A_mean)
        for i in range(n):
            eigen.append(np.sum(A_mean[:, i])/n)
        eigen = np.array(eigen)
        matrix_sum = np.dot(input_matrix, eigen)
        max_eigen = np.mean(matrix_sum/eigen)
        if n > 9:
            CR = None
            warnings.warn("can not judge the uniformity")
        else:
            CI = (max_eigen - n) / (n - 1)
            CR = CI / self.RI[n - 1]
        return max_eigen, CR, eigen
    def run(self, method="calculate_weights"):
        weight_func = eval(f"self.{method}")
        max_eigen, CR, criteria_eigen = weight_func(self.criteria)
        print(' 准则层：最大特征值 {:<5f},CR={:<5f}, 检验 {} 通过 '.format(max_eigen,
CR, '' if CR < 0.1 else ' 不 '))
        print(' 准则层权重 ={}\n'.format(criteria_eigen))
        max_eigen_list, CR_list, eigen_list = [], [], []
        for sample in self.samples:
            max_eigen, CR, eigen = weight_func(sample)
            max_eigen_list.append(max_eigen)
            CR_list.append(CR)
            eigen_list.append(eigen)
```

```
        pd_print = pd.DataFrame(eigen_list, index=['准则' + str(i+1) for i in range(self.
num_criteria)],
                                columns=['方案' + str(i+1) for i in range(self.num_project)],
                                )
        pd_print.loc[:, '最大特征值'] = max_eigen_list
        pd_print.loc[:, 'CR'] = CR_list
        pd_print.loc[:, '一致性检验'] = pd_print.loc[:, 'CR'] < 0.1
        print('方案层')
        print(pd_print)
        # 目标层
        obj = np.dot(criteria_eigen.reshape(1, -1), np.array(eigen_list))
        print('\n 目标层', obj)
        print('最优选择是方案{}'.format(np.argmax(obj)+1))
        return obj
if __name__ == '__main__':
    # 准则重要性矩阵
    criteria = np.array([[1, 2, 7, 5],
                         [1 / 2, 1, 4, 3],
                         [1 / 7, 1 / 4, 1, 1 / 2],
                         [1 / 5, 1 / 3, 2, 1]])
    # 对每个准则，方案优劣排序
    sample1 = np.array([[1, 2, 8], [1/2, 1, 6], [1/8, 1/6, 1]])
    sample2 = np.array([[1, 2, 5], [1 / 2, 1, 2], [1 / 5, 1 / 2, 1]])
    sample3 = np.array([[1, 1, 3], [1, 1, 3], [1 / 3, 1 / 3, 1]])
    sample4 = np.array([[1, 3, 4], [1 / 3, 1, 1], [1 / 4, 1, 1]])
    samples = [sample1, sample2, sample3, sample4]
    a = AHP(criteria, samples).run("calculate_mean_weights")
```

4. 分析结论

一致性检验结果见表 5–35，输出的各项指标权重见表 5–36。

表 5–35　　　　一致性检验结果

因素	地理位置及交通	居住环境	结构布局和设施	每平方米单价
权重	0.531 772 75	0.287 972 84	0.067 836 74	0.112 417 67
CR	0.007 989			
是否通过一致性检验	True			

表 5–36　　　　输出的各项指标权重

因素	房子 A	房子 B	房子 C	*CR*	是否通过异质性加权
地理位置及交通	0.593 432	0.341 161	0.065 407	0.015 809	True
居住环境	0.594 888	0.276 611	0.128 501	0.004 775	True
结构布局和设施	0.428 571	0.428 571	0.142 857	0.000 000	True
每平方米单价	0.632 749	0.192 398	0.174 854	0.007 943	True

综合得分如下：

房子 A：$0.398 \times 0.593+0.218 \times 0.123+0.085 \times 0.087+0.299 \times 0.265=0.349$。

房子 B：$0.398 \times 0.341+0.218 \times 0.320+0.085 \times 0.274+0.299 \times 0.655=0.425$。

房子 C：$0.398 \times 0.066+0.218 \times 0.557+0.085 \times 0.639+0.299 \times 0.080=0.226$。

由综合得分可知，用户应选择购买房子 B。

第四节　数据可视化

随着企业数字化转型的深入，数据分析已经与业务深度融合。数据可视化核心目标是通过业务数据的分析与可视化呈现，让用户能更好地读懂业务含义，为业务决策提供科学有效的支撑。数据可视化分析项目的关键是与业务深度融合，根据需求确定可视化指标体系。可视化图形的选择应能够结合业务需求特点，选择合适的图形表达业务含义，让业务分析人员能够直观清晰地理解业务规律，再根据客户应用场景设计大屏、PC 看板或者移动端页面。

本节核心目标是讲述如何围绕数据分析价值和业务目标，落地数据可视化项目的全流程实施；了解数据可视化、可视化分析与商务智能的逻辑和关系；了解可视化项目实施落地的方法论，包括需求调研、指标设计、数据分析报告的提交与反馈等。

一、数据可视化概述

（一）什么是数据可视化

数据可视化是利用计算机图形学和图像处理技术，将数据转换成图形或图像在屏幕上显示出来，并进行交互处理的理论、方法和技术。数据可视化的实质是借助图形化手段，清晰、有效地沟通信息，以使通过数据表达的内容更容易被理解。

（二）什么是可视化分析

可视化分析不是简单的信息可视化展示，而是数据可视化技术与分析技术融合，以业务数据洞察为目标，用数据和可视化讲好一个故事，让数据和事实活起来，以帮助相关人员更好地理解、整理和解决业务问题，从而为业务决策提供支持和依据，这是数据可视化分析的核心目标与价值。

（三）什么是商业智能

商业智能（business intelligence，BI）又称商务智能，其概念最早在1996年由加特纳集团提出，加特纳集团将商业智能定义为“描述一系列概念和方法，通过应用基于事实的支持系统辅助商业决策的制定”。商业智能技术提供使企业迅速分析数据的技术和方法，包括收集、管理和分析数据，并将这些数据转化为有用信息，然后分发到企业各处。

商业智能核心是以业务应用为目标，利用商业智能技术（数据架构、数据库、数据分析工具等）实现对数据的处理和应用，并开展商务分析活动，即通过对历史和当前数据的处理、分析，为决策者提供有价值的业务洞察，从而做出科学、有效的决策。

（四）数据可视化、可视化分析与商业智能的关系

数据可视化是一种技术手段，是使用视觉表示探索、理解并传达数据；可视化分析是数据可视化技术与预测性分析相结合，用可视化的手段探索业务规律，讲述业务故事；商业智能则是一个系统的平台和解决方案搭建，是以业务决策和应用为目标的组织能力构建。

二、数据可视化图形用法

数据可视化的目标是清晰表达业务数据的含义，洞察业务数据规律，从而为业务决策提供支持和依据。所以，用合适的图形进行准确表达是关键。根据业务需求，可以将图形划分为以下几个类别。

（一）比较类图表

比较类图表即用可视化的方法显示数值之间的不同和相似之处，使用图形的长度、宽度、位置、面积、角度和颜色比较数值的大小，通常用于展示不同分类间的数值对比，以及不同时间点的数据对比。常见比较类图表类型有柱状图、条形图、玫瑰图、玉玦图、雷达图、面积图及矩形树图等。

基础柱条状图使用垂直或水平柱子显示类别之间的数值比较。其中一个轴表示需

要对比的分类维度，另一个轴代表相应的数值。

例如，用柱形图标识全国各个销售区域的销售额情况，条形图则更适用于分类较多的情况。

（二）分布类图表

分布类图表即用可视化方法显示频率，数据分散在一个区间或分组。使用图形的位置、大小、颜色渐变程度表现数据分布，通常用于展示连续数据上数值的分布情况。常见分布类图表类型有散点图、分布图、直方图等。

（三）流程类图表

流程类图表即用可视化方法显示流程流转和流程流量。一般流程会呈现多个环节，每个环节之间会有相应的流量关系，这类图表可以很好地表示这些关系。常见流程类图表类型有漏斗图、桑基图等。

（四）占比类图表

占比类图表即用可视化方法显示同一维度上的占比关系，通过大小、长短等反映事物的结构和组成，从而显示主要和次要的区别。常见占比类图表类型有饼图、环图、旭日图、瀑布图等。

（五）区间类图表

区间类图表即用可视化方法显示同一维度上数值上限和下限之间的差异，通常用于表示数据在某一个分类或时间点上的最大值和最小值。常见区间类图表有仪表盘。

目前，很多管理报表或报告都在使用这种图表，以直观地表现某个指标的进度或实际情况。

（六）趋势类图表

趋势类图表即利用可视化方法分析数据的变化趋势，使用图形的位置表现出数据在连续区域上的分布，以展示其大小变化规律。在趋势类关系里，我们关注的是因变量怎么随着时间或者某一变量的变化而变化。常见趋势类图表类型有面积图和折线图。

（七）地图类图表

地图类图表即用可视化方法显示地理区域上的数据，使用地图作为背景，通过图

形位置表现数据的地理位置，通常用于展示数据在不同地理区域上的分布情况。

地图组件适用有空间位置的数据集，一般分成行政地图和 GIS 地图。行政地图一般有省份、城市数据即可；GIS 地图则需要经纬度数据，以更细化到具体区域。

三、数据可视化的实施方法论

随着企业信息化水平的不断提升，大部分企业已实现市场、科研、批产、项目管理等业务管理的信息化，并累积了海量数据资产。如何有效利用数据资产，充分发挥数据价值，并对先进的制造技术、信息技术、智能技术进行深度融合和综合展示，不仅是智能化发展的要求，而且是企业亟待解决的问题。运营数据可视化可以为企业运营管控提供有效支撑，已经成为企业在大数据时代智慧运营的必然路径。

在实际数据可视化项目中，数据可视化实施包括以下几部分：业务调研、数据采集、指标设计、数据仓库及数据集市、可视化大屏设计、成果应用及分析报告。

（一）业务调研

1. 业务调研介绍

业务调研阶段作为项目起始阶段，主要是指项目正式实施前的准备工作，该阶段的重点工作是客户业务调研、项目建设内容确认。此阶段需重点掌握项目背景、项目周期、项目干系人、客户方软硬件基础环境、业务系统数据量及范围、项目业务诉求、项目交付标准和项目验收要求等内容。

项目背景是什么？业务诉求是什么？要解决客户哪些问题？能给客户带来什么价值、项目周期有多长？项目规模有多大？解答这些问题的过程就是业务调研。业务调研是挖掘客户真实需求的一种方式，在整个实施过程中起关键作用。

2. 业务调研目的

业务调研是项目实施的开端，是形成业务解决方案的基础与支撑，直接影响项目能否顺利交付及成功验收。业务调研目的是掌握客户现场的业务现状，梳理现有业务流程，明确客户需求，寻找支持业务发展的最佳解决方案，为数据可视化项目技术方案的制定提供依据，明确项目范围及边界。

3. 业务调研过程

调研阶段的主要参与角色和任务说明见表 5–37。

表 5–37 调研阶段的主要参与角色和任务说明

序号	角色	主要任务
1	项目经理	与客户做好前期沟通，制订调研计划
2	需求调研人员	1. 准备调研材料，确认调研方式，常见调研方式包括实地调研、问卷调研、抽样调研、会议调研等 2. 明确调研范围，调研范围主要包括组织范围（集团、分公司、某部门）、业务范围（可参考合同、招标资料、业务背景） 3. 实施具体调研工作和整理调研材料
3	客户方相关人员	1. 配合完成业务调研工作 2. 业务调研结果确认

调研前，需要了解客户背景和客户所在行业的业务知识。

（1）对销售、售前移交过来的材料，如售前方案、招标文件、投标文件、实施服务合同、售前交接材料等，进行深入研究，了解项目背景、项目目标和项目范围。

（2）对客户方进行深入了解，掌握客户的行业背景、主要业务、组织架构、业务特点、核心业务过程，以及企业业务痛点等信息。业务知识学习途径包括网络学习、同类型项目培训分享、类似项目资料等。

（3）熟悉客户方常见的信息系统，以及各系统功能。

（4）准备调研问卷，梳理业务知识框架，便于调研过程中与客户的现场沟通。

调研过程中，需要进行业务确认，有针对性地准备调研材料。每开展一项调研活动，都需要输出相关调研报告。调研报告需体现调研对象、调研范围、客户业务痛点、需要解决的问题、不同层次客户的需求、客户群体的分类、各层次客户不同需求之间的优先级、业务过程梳理，以及其他细节内容梳理等。当存在跨部门业务时，建议找到相关干系人，共同推动业务调研工作。

调研过程中需要注意的事项如下：

（1）制订调研计划时，需要对客户方各部门的情况进行摸底，与客户方负责人或项目经理共同制订调研计划。

（2）调研过程中，需要有侧重点，优先考虑核心重点业务内容。在与客户沟通交

流中，要遵循“挖掘新需求”“排除伪需求”“验证需求强弱”的基本原则。

（3）调研过程中，若客户诉求不明确，首先需要了解客户业务现状，然后对客户进行建议式引导。

（4）每完成一项调研活动后，应以邮件形式把调研结果反馈给客户进行确认，最终达成一致，使整个调研过程形成闭环。

调研后，需要整理业务调研资料、输出调研成果。调研工作完成后，需要对调研内容进行汇总、整理，可使用 MindManager 完成调研业务框架体系。各个部门的调研内容完成后，编写业务调研分析报告，协调甲方项目负责人，推动相关业务部门的评审确认并落实纸质签字。

调研成果输出内容包括业务调研方案、业务调研计划、业务调研问卷、业务调研集成模板、业务系统调研模板、业务调研会议纪要、业务调研确认单、业务调研报告、需求规格说明书等。

4. 业务调研风险控制

（1）可参考文件检查

检查招标文件、标书或建设方案时间是否存在差异，如有差异则必须首先与商务人员、售前人员沟通并确认，消除差异点。如果与商务人员沟通后仍然无法消除差异，则必须与客户项目负责人沟通，消除差异点，沟通结果最好以邮件或其他形式留痕，以避免项目范围不明确或项目边界不清晰。

（2）调研人员确认

如果调研人员或调研对象日程出现意外变动，建议提前三天告知对方，以便于双方提前协调安排。因调研对象比较忙或因其他原因无法参与业务调研工作时，应该通过客户方项目经理了解该调研对象是否在相应业务领域最权威。如果不是，可以协调更换其他调研对象；如果是，可以由客户方项目经理协调其工作安排，以免延误调研计划。

（3）界定范围

由于调研工作涉及人员众多，调研人员收集到的需求内容往往会多于项目合同的服务范围。对超出范围的部分，项目组应与客户主要负责人沟通确认，不可把所有调研内容纳入项目范围，导致项目成本、项目范围难以控制。

（4）调研不充分

在调研工作开展前应做好调研计划，确定工作重心，避免因为准备不充分导致业务调研不充分，为后期项目开展带来困难。

5. 调研案例

某电商集团前期建设的业务系统在一定程度上能够满足集团和各分公司的业务流程管控和信息化管理需求。随着信息化的推进及日常业务运营发展，原有业务系统功能已无法满足集团发展需求。企业整体运营效率、人力成本、财务制度是否规范，如何打通上下游业务，拓展业务的同时如何提高企业内部管理效率，这些需要强大的电商ERP系统做后盾。目前平台存在数据分析报表不足、报表查询慢、没有良好的数据分析平台等问题。针对以上客户业务诉求，应该如何开展业务调研工作呢？

（1）调研前

首先，乙方项目经理应从公司提前获取该项目合同、招标文件、售前技术方案等资料，一方面用于梳理项目资料，另一方面获取项目基本信息。根据项目实际情况，与乙方负责人达成一致后召开项目启动会。参与项目启动会的主要人员有甲方领导和项目经理、乙方领导和经理，以及该项目干系人等，主要就公司介绍、项目背景、项目目标、建设内容、里程碑计划、验收计划、规章制度、风险管控、人员安排等内容进行沟通，此次会议标志着该项目正式启动。

其次，乙方项目经理及项目组关键成员针对该项目的建设目标，进行调研前准备工作，包括设定调研目标，确定调研范围，编写调研方案，确认调研时间、地点、方式，梳理与学习调研前业务行业知识等，从而保障该项目能够进行充分、深入的调研。具体步骤如下：

1）设定调研目标。通过合同建设内容、售前阶段调研结果分析客户问题，确认调研目标为梳理业务数据、完成数据治理、搭建可视化设计看板、挖掘业务价值，从而为电商集团今后在数字化转型过程中打下坚实基础。

2）确定调研范围。前期在合同、项目启动会获知该电商集团主要在总部及华北、

华西、华南三家分公司进行推广，通过数据可视化场景，进行业务数据监控，同时辅助领导进行经营决策。故调研范围主要在总部及华北、华西、华南三家分公司进行，调研业务主要集中在采购、财务、销售三大模块。

3）编写调研问卷。从行业知识、业务理解、现场环境、业务系统、存储空间等进行问题梳理，输出项目调研问卷表、系统存储空间调研表、信息系统调研表、数据集成调研表等。

4）编写调研方案。主要包括引言、调研安排、工作风险及注意事项四个方面内容。其中，引言包括调研目的、调研范围、调研背景；调研安排包括指定调研策略，规划角色及职责、资源、总体调研计划，制订需求管理计划；工作风险及注意事项包括配合风险、技术业务风险和其他风险。

5）编写调研计划。需要对客户方各部门的情况进行摸底，与客户方负责人共同制订调研计划。制订调研计划时，需要有侧重点，优先考虑核心重点业务内容，包括项目名称、调研时间、地点、方式、参加人员等。

（2）调研中

乙方项目经理与甲方负责人将项目的整个调研计划进行会议汇报，一方面对调研整体计划进行确认，另一方面增进与客户之间的关系。调研计划确认无误后，乙方项目经理、项目关键成员，甲方负责人、项目关键成员以线下会议形式，分别在电商集团总部和华北、华西、华南三家分公司进行四次调研，调研中涉及的主要部门有信息中心、技术中心、业务中心、质量管理部门、财务部门、采购部门、市场运营部门、销售部门、人力资源部门、销售部门等20个部门，整个调研周期持续一个月。通过业务调研，乙方项目组成员基本上已经全面、系统掌握了电商集团的现状，乙方项目经理以邮件形式提交《会议内容》《××项目调研报告》《××项目调研结果确认》等文件，请甲方负责人仔细审阅后提供建议，并对调研结果及时进行调整和补充，最终达成一致，以保证该项目调研过程尽可能准确和充分。

（3）调研后

乙方项目组成员，针对前期在电商集团总部和华北、华西、华南三家分公司调研的结果，开始编写业务调研报告，同时进行复盘总结。

（二）数据采集

1. 数据采集介绍

数据采集是指从传感器和其他待测设备等模拟和数字被测单元中自动采集非电量或者电量信号，传送到上位机中进行分析处理。数据采集系统是结合基于计算机或者其他专用测试平台的测量软硬件产品，是实现灵活的、用户自定义的测量系统。

2. 数据采集目的

数据采集是数据分析挖掘的根基。无论是通过报表、多维分析等方式呈现业务指标相关性，还是通过挖掘模型预测未来发展趋势，都需要历史数据做支撑。因此，只有具备丰富的数据，才能深入挖掘其背后的价值。

3. 数据来源

（1）数据库

很多企业都有自己的业务数据库，存放从企业成立以来产生的相关业务数据，如 ERP 企业资源计划系统、PLM 产品生命周期管理系统、SCM 供应链管理系统、CRM 客户关系管理系统、EMS 能耗管理系统等，这些业务数据库就是庞大的数据资源。

（2）互联网

随着互联网的发展，网络上发布的数据越来越多，网站特别是搜索引擎，可以帮助我们快速找到需要的数据，如国家及地方统计局网站、行业组织网站、政府机构网站、传播媒体网站、大型综合门户网站等。

（3）市场调查

进行数据分析时，需要了解用户的想法与需求，但是，通过数据库和互联网获得此类数据会比较困难。因此，可以尝试使用市场调查的方法，收集用户的想法和需求数据。

（4）公开出版物

可以用于收集数据的公开出版物包括《中国统计年鉴》《中国社会统计年鉴》《中国人口统计年鉴》《世界经济年鉴》《世界发展报告》等统计年鉴或报告。

4. 数据采集方式

（1）数据库

在数据分析项目中，有些企业已经有业务系统库，并沉淀了一定的数据量，针对这种情况，我们可以在客户允许情况下，通过规范的接口（如JDBC）读取目标数据库的数据。这种方式比较容易实现，但是，如果涉及业务量比较大的数据源，可能会对性能有所影响。

（2）数据视图

部分企业出于数据安全考虑，通常以视图方式对外提供数据，以此保证业务库数据不被修改。

（3）接口形式

部分企业出于数据安全性、实时性的考虑，通常对外提供开放的数据接口，开发人员可通过代码进行接口数据调试及调用。接口数据的可靠性较高，一般不存在数据重复的情况。同时，数据通过接口实时传递过来，可以完全满足数据分析对实时性的要求。

（4）网络爬虫

网络爬虫是一种按照一定规则，自动抓取Web信息的程序或者脚本。该方法可以将非结构化数据从网页中抽取出来，将其存储为统一的本地数据文件，并以结构化方式存储。其支持图片、音频、视频等文件或附件的采集，且附件与正文可以自动关联。

（5）数据填报

报表工具除了用来展现数据，还要满足用户各类数据填报需求。在实际业务场景中，企业部分个性化数据需要通过报表工具进行收集。

（6）离线文件

部门企业信息建设较为落后，数据流通主要依靠离线文件记录。常规可视化分析项目中，可通过代码对离线文件进行解析，并完成解析内容的存储。

（三）指标设计

1. 什么是指标

指标是指衡量目标的参数。在日常工作中，活跃用户数、销售额等能够反映用户行为、业务健康水平的词语就是指标。指标一般分为以下三类：

（1）基础指标。没有更上游的指标，即其父级指标就是其自身，如销售额、订单量、客户数等。

（2）衍生指标。衍生指标是指在单一父级指标基础上限定某个维度得到的指标。例如，“某产品销售额”的限制条件为“产品类别”。

（3）计算指标。计算指标是指在若干个描述型指标上通过四则运算、排序、累计或汇总定义出的指标，如毛利率、增长率等。

2. 什么是好的指标

好的指标一般具有以下几个方面的特性：

（1）好的指标统计准确。如果一个指标统计不准确，则该指标不具有说明性，且毫无意义，对业务没有参考及指导价值。

（2）好的数据指标可比较。例如，2023 年华北地区的销售额是 ××，2023 年西北地区的销售额是 ××，2023 年东北地区的销售额是 ××。这就是一个好的业务指标，可看出不同销售额之间的差异，以及当年销售额最高区域。

（3）好的指标具有业务指导性。例如，对电商集团运营部门而言，当公司产品上线时，需要了解客户对产品的关注度，因为这关系到产品是否有价值，以及选品方向是否需要进行调整。那么，如何从数据层面体现用户对产品是否感兴趣呢？可体现在用户点击量上。如何体现用户对产品是否有需求呢？最终体现在订单量上。可见，从浏览到下单，运营部门可以通过订单转换率进行关注。订单转换率高，一方面，说明选品成功，产品能满足客户需求；另一方面，说明营销活动对产品销售有推动作用。

（4）好的指标简单易懂。在产品运营或经营管理中，若人们无法清晰记住某个指标，则该指标后期在运用中会比较困难。而简单易懂的指标能让用户快速理解，使用效果比较好。

3. 什么是指标体系

指标体系是从不同维度梳理业务，把指标有系统地组织起来。指标体系由指标和维度构成，一个指标或几个毫无关系的指标都不能称为指标体系。例如，某电

商集团经营指标为收入 20 亿元、成本 15 亿元、利润 5 亿元，单靠这三个指标无法构成指标体系。这三个指标缺少场景化，无法衡量该电商集团的经营状况，不具有参考性。

4. 指标体系作用

指标体系作用体现在以下几个方面：

（1）描述现状。搭建指标体系，可以描述企业的整体运营现状。

（2）定位问题。指标的波动变化能帮助企业找到业务波动背后的原因，对问题进行准确定位。

（3）辅助决策。好的指标体系有助于数据对企业的驱动，可赋能企业，帮助企业实现战略性布局、精细化管控、智能化运营。

例如，判断一家供应商是否为优质供应商，只用一个指标不能充分说明问题，反而需要一组有逻辑的数据指标描述，如供应商资质证书、资质等级、注册资金、合同年限、履约能力、供货质量、服务质量等。只有进行多维度分析，才能判定该供应商是否符合优质供应商标准。同样，对一家企业而言，要看该企业运营是否合理，经营是否得当，可通过企业的业务数据进行监控，从数据中发现问题，并解决问题。

5. 指标体系如何设计

（1）明确工作目标，确认主指标

这是最重要的一步，先梳理清楚公司或部门的考核指标是什么。例如，电商集团每年会制定销售目标，如何考核各部门业绩完成情况，则需要通过销售目标的达成情况去衡量，因此销售目标达成率就是集团的主指标。

（2）制定判断标准

既然已经找到主指标，就得为其建立配套的判断标准，这样才能解读数据含义，判定当前业务状况的好坏。常见判断标准如下：

1）目标达成。如果主指标是销售目标达成率，正常来说，要超过 100%，越多越好。

2）竞品对标。以竞品、行业为参照对象，超过竞品、行业的标准越高越好。

（3）了解业务管理方式，寻找合适的次指标

有了主指标和其判断标准后，可以进一步梳理次指标。次指标和业务管理方式有直接关系。例如，销售金额既能以分公司为单位进行指标拆解，又能以用户为单位进行指标拆解，具体要看业务管理方式如何。例如，销售部门一般按区域进行管理，就按分公司进行拆解；市场部门一般按用户进行管理，就按用户进行拆解。

（4）梳理业务流程，设定过程指标

过程指标理论上越多越好，这样就可以细致地追踪流程，发现问题。但在业务上，不是每个环节都做了数据采集，因此要结合具体业务流程设置过程指标，并在关键节点加以控制。

设置过程指标的详细程度取决于过程的重要性和数据采集难度。

例如，用户从进入商城到完成下单，可以拆分出多个过程环节，并有对应的过程指标，如进入商城用户数、浏览商品用户数、查看商品详情用户数、加购物车用户数、下单用户数等。

（5）确认分类维度

根据业务管理角度确认分类维度，将指标按照业务域、数据域进行拆分或者延伸。例如，电商销售业绩为什么没有达标？可从如下思路进行分析，确认分析维度，如图 5–9 所示。

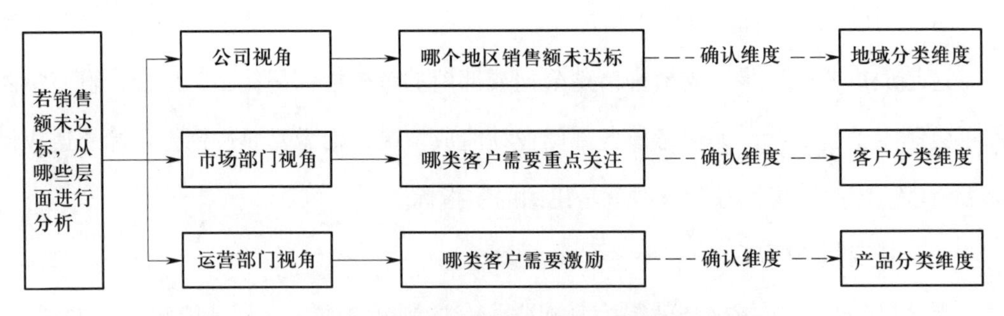

图 5–9　电商业务经营分析中的分类维度

（四）数据仓库及数据集市

要研究数据价值，必须先做好数据治理、管理工作，这时就会用到数据仓库，因为数据挖掘、OLAP 等数据分析技术都建立在数据仓库基础上。

1. 什么是数据仓库

数据仓库是一个集成面向主题的数据集合，主要为企业提供决策支持。数据仓库本身并不“生产”任何数据，同时自身也不需要“消费”任何数据，数据来源外部，并且开放给外部应用。

数据仓库是面向主题、集成、非易失和时变的数据集合，用以支持管理决策。

（1）面向主题。传统数据库最大的特点是面向应用进行数据集合的组织，各个业务系统可能相互分离，而数据仓库则面向主题。主题是较高层次上企业信息系统中的数据综合、归类并进行分析利用的抽象概念。在逻辑意义上，其对应企业中某一宏观分析领域涉及的分析对象。

（2）集成性。通过对分散、独立、异构的数据库数据进行抽取、清理、转换和汇总，可得到数据仓库的数据，以保证数据仓库内数据的一致性。

（3）非易失性。数据仓库的数据反映相当长一段时间内历史数据的内容，是不同时点数据库快照的集合，以及基于这些快照进行统计、综合和重组的导出数据。数据非易失性主要针对应用而言。数据仓库用户对数据的操作大多是数据查询或比较复杂的挖掘，一旦数据进入数据仓库，一般情况下会被较长时间保留，所以会有大量查询操作，但修改和删除操作很少。因此，数据经加工和集成进入数据仓库后极少更新，通常只需要定期加载和更新。

（4）时变性。数据仓库包含各种粒度的历史数据。数据仓库中的数据可能与某个特定日期、星期、月份、季度或者年份有关。数据仓库的数据时限一般要远远长于操作型数据的数据时限。操作型系统存储的是当前数据，而数据仓库中的数据是历史数据。数据仓库中的数据是按照时间顺序追加的，都带有时间属性。

2. 什么是数据集市

数据集市是按主题域组织的数据集合，用于支持部门级的决策。数据集市有两种类型，即独立数据集市和从属数据集市。

独立数据集市聚焦在部门关心的单一主题域，数据以部门为基础进行部署，无须考虑企业级别的信息共享与集成。例如，制造部门、人力资源部门和其他部门都有自己的数据集市。

从属数据集市的数据来源于数据仓库。数据仓库里的数据经过整合、重构、汇总后，传递给从属数据集市。

3. 为什么需要建数据仓库

以某电商公司为例，在早期发展阶段，业务系统单一，数据体量较小，数据可以通过轻量级 MySQL 等开源数据库进行存储，企业数据分析仅停留在简单的数据报表层面。

随着企业不断壮大，业务不断拓展，企业自研系统及引入的业务系统越来越多，平台流量迎来爆发式增长，客户和订单激增，企业每天要处理的数据量与日俱增。一方面，企业业务人员常常为了生成一张报表，花费大量时间从各业务系统整理数据，进行分析处理，进而汇总转化成有用信息；另一方面，随着互联网发展到一定程度，用户数量增长放缓，企业经营管理者日益聚焦于存量用户的价值挖掘，因此需要进一步精准、全面、快速地了解用户画像，分析用户操作习惯、消费习惯等重要信息，进而深入挖掘客户的潜在商业价值。

为完成不同业务系统的数据整合，进一步深入分析挖掘存量用户的价值，企业需要用行之有效的技术进行数据整合，并通过集成不同的信息系统数据，为企业建设统一的决策分析平台，帮助企业解决实际业务问题。这时，企业 IT 人员往往会采用数据仓库技术。

尽管数据仓库的建设会增加企业软硬件的投入，但建立独立数据仓库与直接访问业务数据相比，无论是成本还是由此带来的好处，都值得做。随着处理器和存储成本的逐年降低，数据仓库方案的优势更加明显，在经济上也更具可行性。

4. 如何建设数据仓库

建设数据仓库的步骤如下：首先，要进行充分的业务调研和需求分析，这是数据仓库建设的基石。业务调研和需求分析做得是否充分，直接决定了数据仓库建设是否成功。其次，数据总体架构设计主要根据数据域对数据进行划分，按照维度建模理论，构建总线矩阵，抽象出业务过程和维度。再次，对报表需求进行抽象整理，梳理出相关指标体系，完成指标规范定义和模型设计。最后，进行代码研发和运维。

（1）业务调研

业务调研阶段需要与业务人员交流、梳理业务过程、输出业务流程图，同时明确

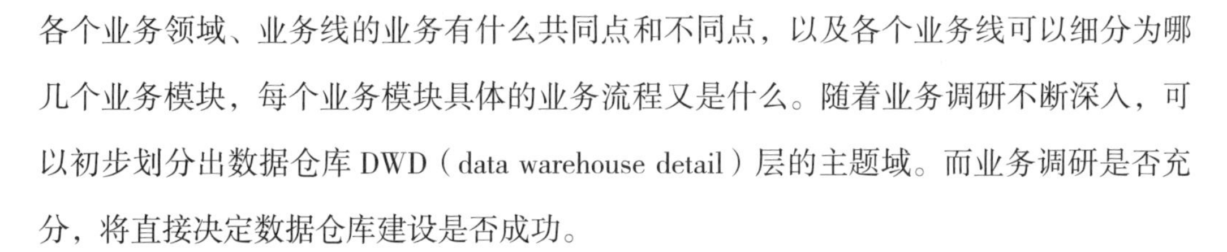

各个业务领域、业务线的业务有什么共同点和不同点，以及各个业务线可以细分为哪几个业务模块，每个业务模块具体的业务流程又是什么。随着业务调研不断深入，可以初步划分出数据仓库 DWD（data warehouse detail）层的主题域。而业务调研是否充分，将直接决定数据仓库建设是否成功。

（2）需求调研

业务系统调研完成并不代表可以马上进入实施阶段。此时，需要与不同业务环节人员进行需求沟通，梳理他们过去已有的需求，以及将来尚在规划中的数据需求和 BI 分析需求。随着需求调研不断深入，可以初步完成数仓 App 层主题域的划分。需求调研的主要途径是首先与业务人员沟通获取需求，然后对现有报表系统中的报表进行研究分析。

（3）数据调研

通过对需求调研的分析，就清楚数据的建设目的。原始数据从哪里获取、数据结构如何、数据类型如何、体量如何，将是进一步深入调研的内容，也将为数仓建设技术选型提供参考依据。该阶段主要输出成果包含每个数据源的数据结构说明书、数据字典、划分每个表的业务线，同时确定每个库表 ODS（operational data store）层的主题域。

1）划分主题域。通过业务调研、需求调研、数据调研的三步整合，再经过一些必要的补充与舍弃，最终确定数仓建设主题域。

2）数据域划分。数据域是指面向业务分析，对业务过程或者维度进行抽象的集合。业务过程可以概括为一个个不可拆分的行为事件，如下单、支付、退款等。为保障整个体系的生命力，数据域需要抽象提炼，并且长期维护和更新，但不轻易变动。划分数据域时，原则上是既能涵盖当前所有业务需求，又能在新业务进入时无影响地被包含进已有数据域或者扩展新的数据域。

3）规范定义。在数仓建设正式开发前，需要对数据规范进行定义，从业务出发，进行数据统一和标准定义，以确保指标计算口径一致、算法一致、命名一致。

5. 数据仓库分层

数据仓库中的数据往往有不同的数据源，并提供多样的数据应用。数据自下而上流入数据仓库后，向上层开放应用，而数据仓库只是中间集成化数据管理的一个平台。一个数据仓库可以分成以下四层：

（1）ODS（operational data store）层，又称原始数据层，用于存放原始数据，操作时不会进行任何处理，直接把原始日志、数据抽取到 ODS 库即可。

（2）DWD（data warehouse detail）层，又称明细数据层，对 ODS 层数据进行清洗（处理空值、脏数据和超过极限范围的数据）和脱敏，主要用于保存业务事实明细。一行信息代表一次业务行为，如用户的一次下单行为。

（3）DWS（data warehouse summary）层，又称汇总数据层，主要是对业务事实进行描述的信息。如何人何时对数据进行累积汇总。

（4）App（application）层，又称应用层，为各种统计报表提供数据，App 层的数据通常可以直接在 BI 设计中应用。

对数据仓库进行分层的主要原因如下：

（1）数据仓库可能会存在大量冗余数据，可通过大量的数据预处理提升应用系统的用户效率。数据仓库不分层，如果源业务系统的业务规则发生变化，将会影响整个数据清洗过程，工作量巨大。

（2）通过数据分层管理可以简化数据清洗过程，因为把原来只有一个步骤的工作分成多个步骤去完成，相当于把一个复杂工作拆分为多个简单工作，把一个大的黑盒变成了一个白盒，每一层的处理逻辑都相对简单也容易理解。这样一来可保证每个步骤的正确性，当数据发生错误时，往往只需要局部调整某个步骤。

6. 模型设计开发

关系建模和维度建模是两种数据仓库的建模技术。

（1）关系建模将复杂的数据抽象为两个概念——实体和关系，并使用规范化方式表示出来。关系模型严格遵循第三范式，数据冗余程度低，数据一致性容易得到保证。由于数据分布于众多的表中，查询会相对复杂，查询效率较低。

（2）维度模型以数据分析作为出发点，不遵循第三范式，故数据存在一定的冗余。维度模型面向业务，将业务用事实表和维度表呈现出来，由于表结构简单，故查询简单，查询效率较高。

（五）可视化大屏设计

可视化大屏是将业务数据信息以直观的图表、图形展示出来的一种表现形式，通过对正确的数据和信息进行分析，帮助企业更快地做出决定。可视化大屏设计将复杂的数据信息进行图形化展示，目的是将一堆杂乱无章的数据转化为数据图表，变得更加容易分析或理解。

1. 可视化大屏设计关键

进行可视化大屏设计时，需要把握以下几个关键点：

（1）清晰。优秀的数据可视化界面要能够清晰展现用户需要的信息。当用户看到界面内容时，应该能在短时间内了解其用途，而不是花费至少几分钟才能理解各个数据的含义。

（2）有意义。优秀的数据可视化界面上的每一条信息都应该有意义。这些有意义的信息能准确传达设计师想要表达的内容，并且用户都可以读懂。

（3）一致性。优秀的数据可视化界面会有一套严谨一致的版面，考虑布局、结构和内容。

（4）简单。复杂的界面违背了数据可视化设计的初衷。如果信息呈现不够简单直接，则肯定是在设计上出现了问题。

2. 可视化大屏设计步骤

大屏设计必须充分了解业务需求，业务需求是要解决的问题或实现的目标。数据可视化大屏设计流程包括需求沟通、抽取业务关键指标、划分维度并选择图像、确认展示大屏尺寸、设计页面整体布局、定义页面整体风格、设计可视化 UI 效果、沟通 Demo 看板和设计页面并核对数据。

（1）需求沟通

正式开始大屏设计时，需要了解业务需求，通过大屏展现的信息内容，确认业务场景后才能进行关键指标抽取工作。

（2）抽取业务关键指标

通过大屏展现的信息内容，根据业务场景抽取关键指标。关键指标是一些概括性词语，是对一组或者一系列数据的统称。通常可通过一组指标，完成数据信息展示。

以某电商销售业务为例，企业核心关注的指标包括销售额、利润额、利润率；次要指标包括产品销售额的贡献情况、客户分布情况、客户对产品价格的敏感度、销售额变化趋势等。

（3）划分维度并选择图表

1）划分维度。同一个指标的数据，从不同维度分析就有不同结果。选定指标后，需要与项目相关成员就各个指标主要想展示什么进行沟通讨论，更进一步地讲，是想通过可视化表达一些规律和信息。常见分析维度包括联系、分布、比较、构成四个维度。

联系的含义是数据之间的相关性；分布的含义是指标里的数据主要集中在什么范围、表现出怎样的规律；比较的含义是数据之间存在何种差异，差异主要体现在哪些方面；构成的含义是指标里的数据由哪几部分组成，每部分占比如何。

2）选择合适的图表。确定分析维度后，所能选用的图表类型也就基本确定。接下来，只需要从少数几个图表里筛选出最能体现设计意图的那个。选定图表一般遵循两个原则——易理解，可实现。

可视化设计要考虑大屏最终是为用户服务，应该容易理解，不需要思考和过度解读，因而选定图表时要理性，避免为了视觉效果而选择一些对用户不太友好的图形。

另外，需要了解现有数据的信息、规模、特征、联系等，然后评估数据是否能够支撑相应的可视化表现。

（4）确认展示大屏尺寸

设计稿分辨率就是被投屏信号源电脑屏幕的分辨率。有多个信号源时，就会有多个设计稿，每个设计稿的尺寸就是对应信号源电脑屏幕的分辨率。

一般情况下，设计稿的分辨率就是电脑的分辨率。当有多个信号源时，有时会通过显卡自定义电脑屏幕分辨率，从而使电脑显示分辨率不等于其物理分辨率，此时，对应设计稿的分辨率也就变成了设置后的分辨率。此外，在只有一个信号源情况下，当被投电脑分辨率长宽比与大屏物理长宽比不一致时，也会对被投电脑屏幕分辨率进行自定义调整，设计稿分辨率也会发生变化。所以，设计开始前了解物理大屏的长宽比很重要。

确认展示大屏尺寸时，应该注意以下几个问题：

1）最小分辨率。一般情况下，各单位客户端分辨率均不一致，因此不能完全做到自适应，需要确定一个适中的分辨率。一般在最小分辨率和最大分辨率中间，大于确定的分辨率即可实现自适应。

2）自适应问题。很多项目会遇到自适应问题。客户端 PC 机的大小和比例均有不同，有 4∶3 比例的屏，也有 16∶9 比例的屏，因此需要考虑屏幕展示效果。进行设计和开发时，一般确定的原则为不能产生横向滚动条，可适当产生纵向滚动条，但不宜过长。

3）效果图验证。确定分辨率后，美工需要制作效果图，分别在 4∶3 比例的屏和 16∶9 比例的屏上验证其显示效果，16∶9 比例的屏可以允许两侧有留白。

（5）设计页面整体布局

尺寸确立后，要对设计稿进行布局和页面划分。这里的划分主要根据之前定好的业务指标进行，核心业务指标安排在中间位置，占较大面积；其余指标按优先级依次在核心指标周围展开。一般把有关联的指标放到相邻位置，把图表类型相近的指标放在一起，这样能减轻观看者认知上的负担，并提高信息传递效率。设计页面整体布局主要包括主指标、次指标和辅指标。

主指标位于场景页中间部分，即大屏中央位置；次指标位于屏幕两侧，用于辅助主指标；辅指标主要为补充信息展示，实际操作中可以展示，也可以不展示。

常见布局方式包括 2–4 模块布局、5–6 模块布局、多模块布局，分别如图 5–10、图 5–11、图 5–12 所示。

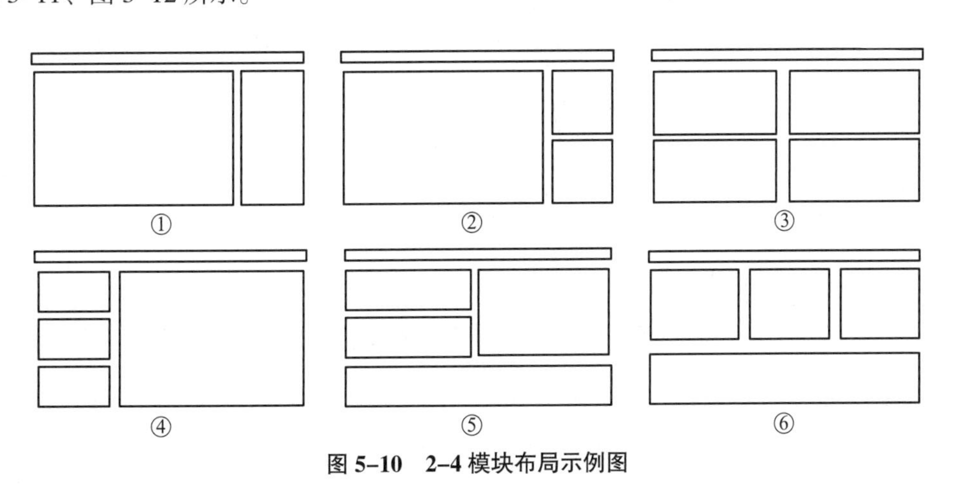

图 5–10　2–4 模块布局示例图

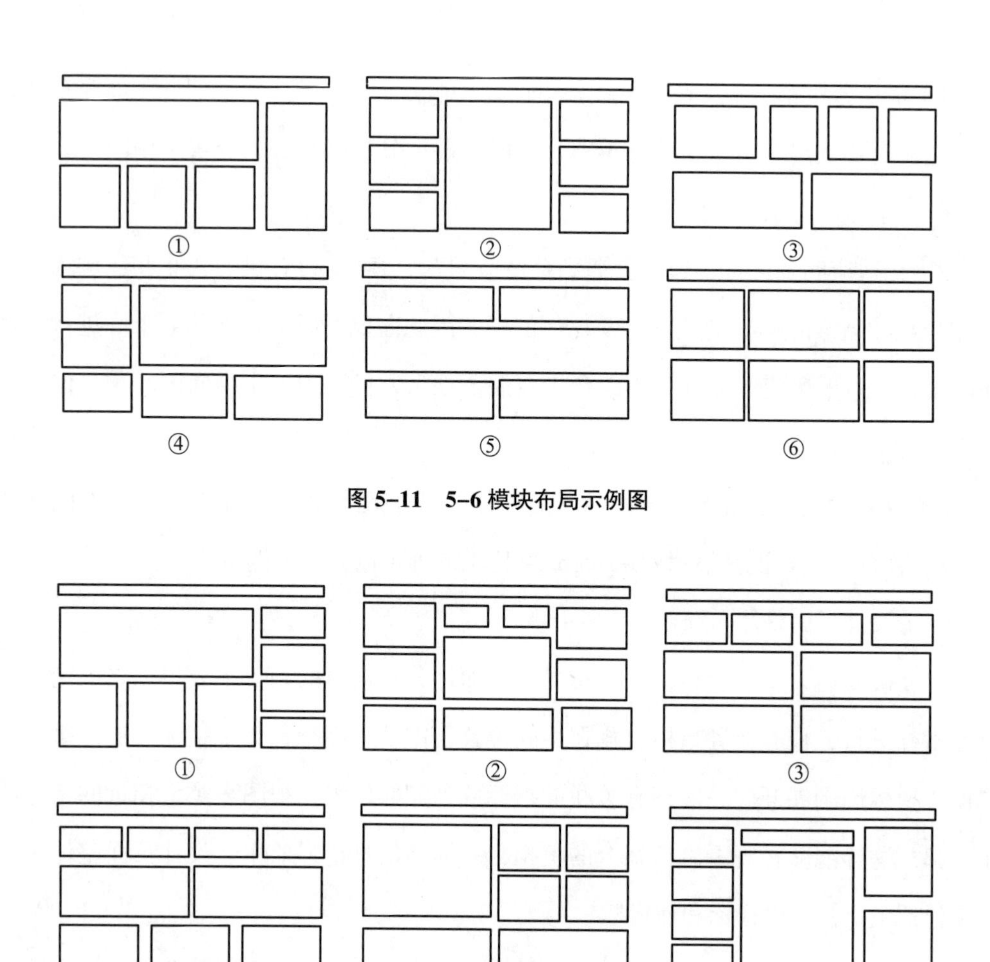

图 5–11　5–6 模块布局示例图

图 5–12　多模块布局示例图

（6）定义页面整体风格

可视化大屏的设计风格主要根据行业类型、客户喜好、具体展示指标等进行整体搭配。但是，总体色彩一般以深色为主，因为大屏若为浅色系，长时间观看会造成眼睛疲劳；另外，浅色上线不适合体现动感效果展示。常见深色背景包括黑色、蓝色、浅绿色。

（7）设计可视化 UI 效果

经过上述几个步骤，已经基本确定大屏具体要展示的指标、图表类型、布局方式、主色系等问题，可以根据定义好的设计风格与选定的图表类型进行合理的 UI 设计。进行 UI 原型设计时，建议尽量收集客户方的真实数据验证，避免后续原型与真实数据

情况不符，造成界面图形和布局调整，对整体造成较大影响。同时，需要确定字体和字号。

（8）沟通 Demo 看板

在此阶段，一般需要将 UI 设计稿投到大屏上进行展示，需要重点关注的内容包括布局在放入设计内容后是否依然合适；图表类型带入数据后是否仍然客观准确；根据关键元素、色彩、结构、质感打造出的页面风格是否基本达到预期氛围和感受；已有的样式、数据内容、动效等在开发实现方面是否存在问题。另外，要注意大屏是否存在色差，文字内容是否清晰可见，页面是否存在变形拉伸等现象。一般而言，此环节问题较多，因此需要开发出 Demo，反复进行测试。

（9）设计页面、核对数据

到此阶段，大屏设计的整体效果已经基本定型，后台数据准备工作在定义好分析指标后就已经开始运行，当前工作则是把数据接入前端，然后用设计的样式呈现出来，对整体细节调优与测试，并做好数据核对工作。

1）整体细节调优与测试。这部分是指页面开发完成后，将接入真实数据的页面投放到大屏设备上进行测试与优化。主要有两部分工作：第一部分是视觉方面的测试，需要测试关键视觉元素、字体、字号、页面动效、图形图表等是否按预期显示，有无色差，有无滚动条，有无变形、错位等。第二部分是性能与数据方面的测试，需要测试页面组件加载是否流畅，数据刷新有无异常，页面长时间展示是否存在崩溃、卡死等情况，后台控制系统能否正常切换前端页面显示。

2）页面数据核对。根据业务数据逻辑，对页面数据进行校验核对，以保证数据准确性。

3. PC 端可视化大屏美化技巧

在日常工作中，常需要制作一些报告用来向领导进行汇报，或者向投资方展示公司业务的价值以获得融资等。而将经营数据直观地转化为通俗易懂的数据可视化图表，无疑是最高效的方法。不过，制作一份美观而高效的报告却是一种需要磨砺的技巧。

（1）排版布局

排版布局需要注意以下几点：

1）页面布局主要依据业务及数据的重要程度布局，通常把核心数据或业务要点放中间。中间位置是视觉中心，是数据和业务最容易传达给观众的核心位置，如图 5–13 所示。

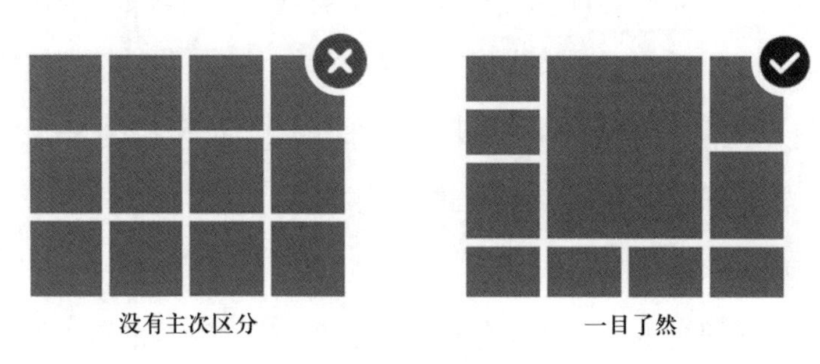

图 5–13　排版布局对比分析

2）排列数据时要考虑数据的关联性及联动性，应该有意识地把它们放在一起或就近排列，当一组数据变化时联动效果更凸显，容易传达数据价值。

3）浏览顺序一般是从上到下、从左到右。

4）在左上角显示更重要的信息，沿着对角线方向，信息重要性应该依次减弱，右下角的信息重要性最弱，如图 5–14 所示。

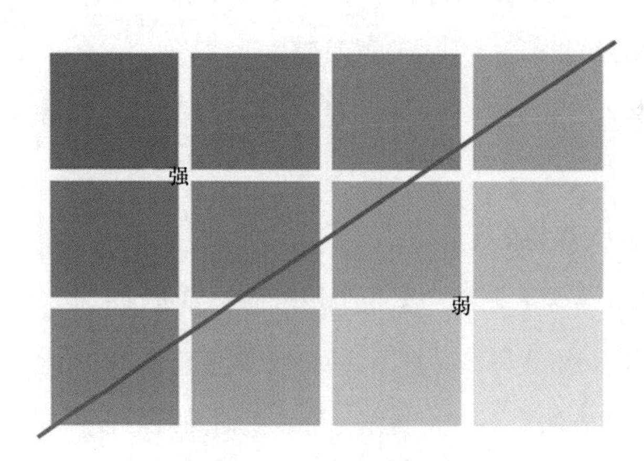

图 5–14　关键信息布局说明

（2）字体

设置字体时需要注意以下几点：

1）要选择辨识度高的字体，不要太细，也不要太圆润，过于花哨的字体缺乏理性并使可信度降低。

2）当存在特殊字体时，可将字体包嵌入程序中，或者进行切图，以图片组件形式应用于大屏设计中。

3）字体要求偏大一些，通常 16 px 为正文字号，最小字号 14 px，设计时应灵活应用这些规范。

4）当存在数字及英文时，建议使用英文字体。

（3）配色

配色时应该注意以下几点：

1）在数据可视化设计中，色彩是最重要的元素之一，合理利用色彩代表的情感，可以增强可视化设计的感知效果。

2）颜色使用应尽量简洁，颜色过多会造成不和谐。配色最好选择高饱和度及高明度。

3）单一颜色或同一颜色的不同色调可能会导致数据杂糅。

4. 移动端大屏美化技巧

（1）页面设计

移动端相较 PC 端，屏幕较小，所承载内容有限。PC 端使用键盘及鼠标进行交互，而移动端通过按钮、手势完成交互。因此，移动端的页面设计需要注意以下几点：

1）明细表列数较多、条数不多时，可以转换成相同格式的卡片显示，使可读性更强。

2）使用 tab 页签及参数动态过滤数据，以避免多层次钻取与返回，并尽量放在一个报表内部进行切换。

3）注意区分层次及弱化显示。

（2）层次区分

为实现更好的层次区分，需要注意以下几点：

1）每个模块通过明显的标题或者分割进行区分，如图 5–15 所示。

运货信息			
运 货 商	联邦货运	运 货 费	32.38
订单基本信息			
订单 ID	10249	客户名称	东帝望
订购日期	2010-02-05	发货日期	2010-07-10
雇 员	卢浩天	到货日期	2010-08-16
货主信息			
货主名称	谢小姐	货主地址	青年东路 543 号

图 5–15 标题层次区分示例

2）采用深色短线或者颜色深浅分割内容，如图 5–16 所示。

3）相同模块的小类别之间可以用一个浅色横线分割，以加强报表的易读性，如图 5–17 所示。

同步环比

同比环比等财务统计表

年份	月份	销售额	月份环比		年份同比
2010	1月份	2,362	--		--
	2月份	4,015	170%	↑	--
	3月份	2,729	68%	↓	--
	4月份	1,001	37%	↓	--
	5月份	7,135	713%	↑	--
	6月份	2,546	36%	↓	--
	7月份	9,579	376%	↑	--
	8月份	23,981	250%	↑	--
	9月份	26,381	110%	↑	--
	10月份	37,516	142%	↑	--
	11月份	45,600	122%	↑	--
	12月份	45,240	99%	↓	--

图 5–16 颜色深浅层次区分示例

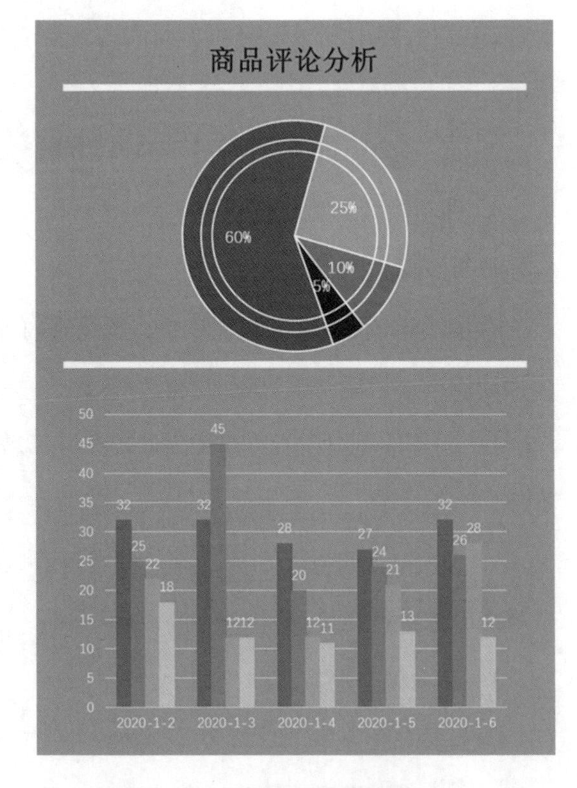

图 5–17 分割线层次区分示例

（六）成果应用及分析报告

进行数据分析时，对数据进行整理、分析并提炼要点，并将分析过程与结果写成一份通俗易懂的报告，是必不可少的工作之一，也是实现优秀运营产品、人力、数据等的必备技能，是支持决策的依托。

数据分析报告是完成数据分析的最后一步，不过，对有些人来说，却也是最薄弱的环节。有些人前期分析非常好，但却写不出条理清晰、逻辑缜密、易读且美观的数据报告。

然而，在实际工作中，能够撰写高质量、高价值的数据分析报告，不仅能充分展现数据分析的价值，而且能在撰写过程中训练数据思维、梳理整个业务线的底层逻辑，以及复盘整体分析思路，并逐步形成自己的分析体系。

1. 什么是数据分析报告

数据分析报告实质上是一种沟通与交流的形式，主要目的是将分析结果、可行性建议及其他有价值的信息传递给业务人员和管理人员。数据分析报告主要以 PPT 为载体向目标受众展示。

2. 数据分析报告价值

针对实际业务问题，通常以数据为基础，按照相应的商业逻辑对业务问题进行拆解，并利用数据分析方法、数据处理工具对数据进行整理、加工，以此来验证假设，从而形成有效的数据分析报告，最终辅助业务层、管理层进行决策，帮助企业创造业务价值。

3. 数据分析报告类型

数据分析的工作场景不同，面对的汇报对象、内容、方法等情况不同，则报告类型也会不同。常见数据分析报告类型有日常工作报告、专题分析报告、综合分析报告等。

（1）日常工作报告

日常工作报告一般以日报、周报、月报、季报、年报的形式，定期对某一业务场景进行数据分析。

其主要特点是具备一定的时效性，涵盖特定业务场景的核心指标，能够准确反映当前业务情况，快速出具结果。这类分析要求数据分析人员贴合实际业务场景，合理构建指标体系，准确描述统计业务人员在从事业务活动中的数据，帮助决策者掌握业务线的最新动态。

例如，公司日常运营分析报告、电商日常销售分析报告、产品运营周报等通常是对业务数据的日常展现，如当天的销售额、利润、用户下单转化率的变化情况等。这类报告主要讲述发生了什么事情，为什么会发生，通过对事实的现象和原因进行分析和判断，预测未来会发生什么，并给出可行性建议。

（2）专题分析报告

专题分析报告一般没有固定的时间周期，但有大方向目标，即对公司业务某一方面或特定的业务问题，进行专项研究并输出的一种数据分析报告，主要是为决策者制定某项决策，或解决某个问题提供决策参考和依据。

专题分析报告主要特点是内容单一、重点突出、集中精力解决主要问题，主要内容包括对问题的具体描述、原因分析和可行的解决办法。这类分析要求数据分析人员对业务有深入的认识和了解，还需要具备较强的数据思维能力、数据敏感度，能够通过专题分析深入挖掘问题，以促进业务增长。

例如，电商销量异常分析、品类销售数据异常分析、用户流失分析、提升用户转化率分析等报告，通常需要将现有数据分析及挖掘方法应用于实际数据中，通过数据分析不断尝试、总结、提炼，对具体问题进行具体分析。

（3）综合分析报告

综合分析报告一般是全面评价公司或某部门业务发展情况，主要是从全局高度反映总体特征，进行总体评价。其主要特点是分析维度较全面，在系统分析指标体系基础上，考察现象之间的内部联系和外部联系，如某企业运营分析报告等。

4. 数据分析报告撰写

（1）明确报告对象

无论写什么类型的数据分析报告，都要先弄清楚报告是给谁看，不同受众对数据分析报告的期待是不一样的。如果报告对象是公司领导层，报告应当重点关注关键指标是否实现预期目标。若实现到，则分析原因，进一步拆解业务流和细化数据指标，简要说明问题出在哪里，未来如何改进。若实现预期目标，则总结值得推广的经验和团队下一步的改进计划。如果报告对象是团队的业务人员，报告侧重点在于挖掘问题，

并提出改进方案及可执行建议，实现数据驱动业务。

（2）明确分析目的

明确报告分析目的，就是明确需要解决什么问题，达到什么样的预期。例如，在一份对集团零售业务毛利额下滑原因的分析报告中，集团领导更想看到数据分析的结论和建议，而各个业务部门更关注导致下滑的具体业务原因。所以，针对不同受众，撰写报告的侧重点也不同。

（3）分析框架搭建

一份优秀的数据分析报告要能准确体现分析思路，让读者充分理解，所以框架和思路要清晰。常见分析框架包括 MECE、PEST、AAARRR 等。

（4）数据收集处理

完成一份报告，获取和整理数据往往会占据六成以上的时间。因此，首先要协调相关部门组织数据采集，然后导出处理数据，最后写报告，如果数据不准确，那分析结果也没有意义，报告也就失去价值。因此，收集整合数据时，需要验证数据的可靠性和数据范围。

5. 数据分析报告展示

数据分析报告大体分为业务背景、分析结论、论证过程、分析建议四个部分。

（1）业务背景。明确业务背景，让受众了解报告对他们业务的价值。

（2）分析结论。报告开篇明确分析结论，让每个受众做到心中有结论，再跟随报告思路，进行验证。

（3）论证过程。该部分是数据分析报告的核心部分，系统全面地表述了数据分析的过程与结果。撰写正文报告时，需要根据之前确定的分析内容，利用各种数据分析方法，一步步进行分析，并通过图表及文字相结合的方式，形成报告正文。

（4）分析建议。基于分析结论，要提出有针对性的建议或者详细的解决方案。首先，要明确是给谁提建议。不同的目标对象所处的位置不同，看问题的角度就不一样。高层更关注方向，分析报告需要提供对业务的深度洞察和潜在机会点；中层及员工关注具体策略，分析报告要展示基于分析结论，能通过哪些具体措施改善现状。其次，要结合业务实际情况提建议。虽然建议是以数据分析为基础提出的，但仅从数据角度考虑问题，容易受到局限，甚至走入脱离业务而忽略行业环境的误区，造成建议没有实际价值。因此，建议一定要基于对业务的深刻了解和对实际情况的充分考虑而提出。

四、数据可视化项目案例

本节介绍数据可视化项目案例，通过实现某平台 2009—2012 年销售数据的可视化，详细讲解数据可视化过程，包括案例的背景分析、需求分析及可视化分析。可视化分析过程包括项目搭建和数据可视化。

（一）案例背景分析

随着国内互联网发展大潮，电子商务得到了快速发展，网络购物也逐渐走进日常生活。越来越多的人开始习惯这种购物方式，致使电商平台每天都会产生大量交易数据。因此，如何将可视化分析的相关技术应用到电商平台日常决策中，并通过可视化大屏方式进行展示分析，对电商企业每日产生的交易数据进行合理利用、加工、分析，帮助电商企业创造出更大的价值，成为电商企业亟待解决的问题。本案例使用某平台 2009—2012 年销往各省的网络销售数据，对该平台销售走势进行分析，通过可视化大屏展示出该平台在国内网络销售的规律，进而帮助该平台实现更大的商业价值。

（二）需求分析

通过对某平台 2009—2012 年在各省的销售数据进行分析，并通过可视化大屏直观展示出各类要素数据的走势，为后续平台的销售策略提供参考。具体需求如下：

需求 1：分析 2009—2012 年某平台产品销售额与地区分布的关系图，并找出产品销售额最好与最差的地区。

需求 2：分析 2009—2012 年某平台各类产品销售额的占比，找出最畅销的产品类别。

需求 3：分析 2009—2012 年某平台产品的价格区间与销售区域的关系。

需求 4：分析 2009—2012 年某平台月度产品销售额与月份的关系。

需求 5：分析 2009—2012 年某平台客户群体与区域的关系。

需求 6：分析 2009—2012 年最喜欢在某平台上购物的群体信息。

需求 7：通过可视化方式展示出某平台销往目的城市的流向。

需求 8：分析 2009—2012 年某平台的销售总额、利润总额、运输成本及毛利率。

需求 9：通过 TopN 的方式，展示出 2009—2012 年在某平台购买频次最多的客户名称、省份信息及购买频次。

（三）可视化分析过程

案例使用的销售数据集中包含以下数据指标：订单日期、发货日期、顾客姓名、订单单号、区域、发货城市、FH 经度、FH 纬度、目的省份、目的城市、经度、纬度、快递公司、快递单号、签收日期、订单额、订单数量、产品单价、运输成本、利润额、产品类别及产品子类别。

1. 项目搭建

（1）创建项目

首先，在计算机磁盘上创建 visualization 文件夹，使用快捷键 win+R，输入 CMD 并点击回车，弹出命令提示符，通过命令行进入 visualization 文件夹目录；其次，在命令行输入 vue init webpack-simple visualization；最后，点击回车按键。

打开 Visual Studio Code，点击文件并打开文件夹，选择 visualization 文件夹下的工程。

（2）安装插件

1）安装 ElementUI。在项目控制台输入 npm i element-ui-S，然后敲回车键。

2）安装 Echarts 组件。将“vue-baidu-map”：“^0.21.22”、“vue-echarts”：“^4.0.3”、“echarts”：“^4.2.1”、“echarts-gl”：“^1.1.1”、“element-ui”：“^2.15.6” 添加到工程 package.json 文件的 dependencies 配置项内。然后，在 Visual Studio Code 的控制台执行 npm install 命令，直至组件全部安装完成。

（3）项目配置

在新建工程的 main.js 里面引入 ElementUI 的配置项。

2. 数据可视化

根据本节的可视化案例需求，这里在数据可视化过程中采用 Visual Studio Code 作为编译器，前端开发框架采用渐进式 JavaScript 框架 Vue2，界面 UI 组件使用 ElementUI 2.15.6 版，数据可视化工具采用 Echart 4.2.1 版。

（1）可视化分析

根据本案例需求 1 的描述，建立 2009—2012 年某平台产品销售额与地区分布的关系，采用柱状图方式直观展示各个地区的销售情况。其中，横轴值为各个地区的名字，纵轴值为各个地区的累计销售额，实现效果如图 5–18 所示。

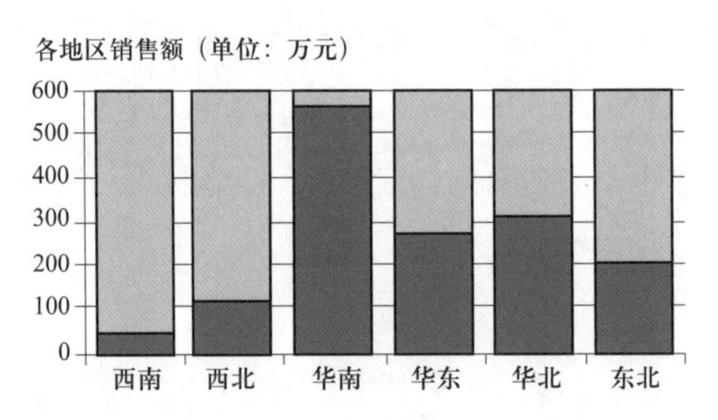

图 5–18　2009—2012 年各地区销售额图

从图 5–18 中可以看出，某平台在 2009—2012 年，产品在华南地区的销售额最高，接近 600 万元。同时，在该时间段，该平台在西南地区产品销售额最低，接近 50 万元。因此，该平台在后续市场开拓时，应该在维护当前华南客户群体基础上，着力开拓西南及西北两个区域市场。

图 5–18 实现的核心代码如下：

```
// 初始化 echarts 对象
let myChart = echarts.init(this.$refs.myEchart);
let _this = this
// 获取数据源
let appData = require('./salejson.json')
……
// 计算销售金
appData.forEach(model=>{
// 获取地区编号
let index= _this.data.indexOf(model.region.trim())
```

```
//计算地区的销售金额
dataValue[index]= dataValue[index]+ parseFloat(model.OrderAmount)
})
……
let   option = {
xAxis: {……},
yAxis: { ……},
series: [            {
// 绑定数据值
data: dataValue,
 // 标识柱状图
 type: 'bar',
  ……
        }
      }
    ]
 };
```

根据本案例需求 2 的描述，建立 2009—2012 年某平台各类产品销售额的占比关系，示例选取 Echarts 饼图直观展示，名称取数据源中的类别字段值，value 值取各个类别产品在 2009—2012 年的销量总和，实现效果如图 5–19 所示。

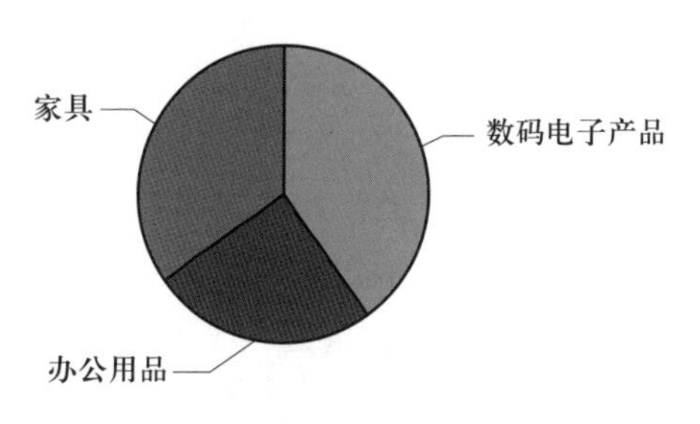

图 5–19　各类产品的销售额占比图

分析图 5–19 可以得出，某平台在 2009—2012 年数码电子产品的销售额最高，家具次之，办公用品的销售额最低。因此，该平台应大力促进数码电子产品和家具销售。

图 5–19 实现的核心代码如下：

```
// 初始化 echarts 对象
let myChart = echarts.init(this.$refs.myEchart);
let _this = this
// 获取数据源
let appData = require('./salejson.json')
……
// 计算销售金
appData.forEach(model=>{
let index= _this.data.indexOf(model.type.trim())
dataValue[index]={ value: dataValue[index].value+ parseFloat(model.OrderAmount),
name: model.type.trim() }
    })
let    option = {
……
series: [{
    ……
// 设置图形类别
type: 'pie',
    ……
                }
            }]
        };
```

根据本案例中需求 3 的描述得出的结论如图 5–20 所示，图 5–20 中横轴代表产品被购买的次数，纵轴表示产品价格区间，柱状图中从上到下六个柱状分别代表西南、西北、华南、华东、华北、东北六个不同的区域。从图 5–20 中可以看出，在价格区间是 0 ~ 300 元及 1 200 ~ 2 000 元的消费者购买次数最多，300 ~ 600 元及 600 ~ 900 元两个价格区间客户的购买频次数值分布差别不大，900 ~ 1 200 元的价格区间在六个区域内的销售量都是 0。

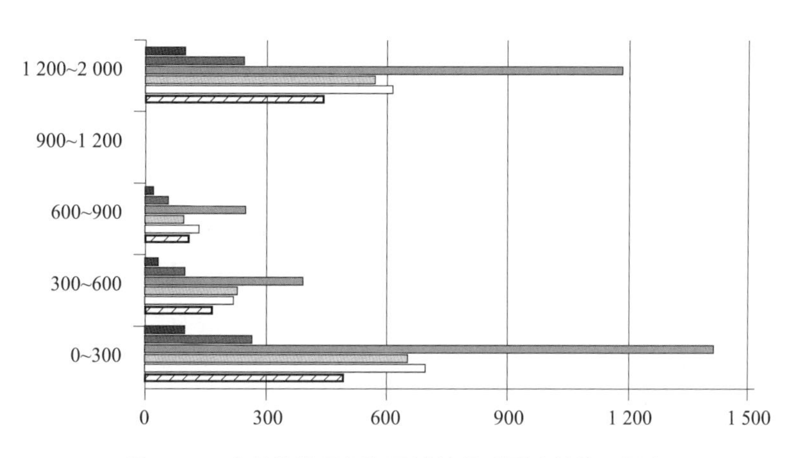

图 5–20　产品价格区间与区域的关系图（单位：元）

从图 5–20 中可以看出，2009—2012 年该平台的消费者倾向价格低于 300 元及高于 1 200 元产品的消费。因此，平台内产品的定价在 0 ~ 300 元及 1 200 ~ 2 000 元，更能被平台消费者接受；平台缺少价格在 900 ~ 1 200 元的产品，后期平台可以适当在 900 ~ 1 200 元的价格区间内添加产品。同时，从柱状图的高度可以直观看出，华南地区的客户对该平台的购买能力，在图 5–20 描述的五个价格区间范围内，相比其他区域的购买能力强。所以，平台应该针对华南地区客户的喜好投放更多产品。

图 5–20 实现的核心代码如下：

```
// 初始化 echarts 对象
let myChart = echarts.init(this.$refs.myEchart);
let _this = this
// 获取数据源
```

```
let appData = require('./salejson.json')
……
// 计算销售金
appData.forEach(model=>{
let index= regionType.indexOf(model.region.trim())
let dataIndex=0
if (parseFloat(model.OrderAmount)<=300){
dataIndex=0
}else if (parseFloat(model.OrderAmount)<=600){
dataIndex=1
}else if (parseFloat(model.OrderAmount)<=900){
dataIndex=2
}else if (parseFloat(model.OrderAmount)<=900){
dataIndex=3
}else {
dataIndex=4
}
_this.data[index].data[dataIndex]= _this.data[index].data[dataIndex]+1;
})
let   option = {
 ……
xAxis: { ……},
yAxis: {
     type: 'category',
     data: ['0-300', '300-600', '600-900', '900-1200', '1200-2000']
     },
     series: this.data
  };
```

根据案例中需求 8 的描述对数据源进行统计后，如图 5–21 所示，从图 5–21 中可以看出，2009—2012 年该平台的销售总额为 15 153 928 元，利润总额为 1 549 264 元，运输成本为 110 292 元，毛利率为 14.05%。

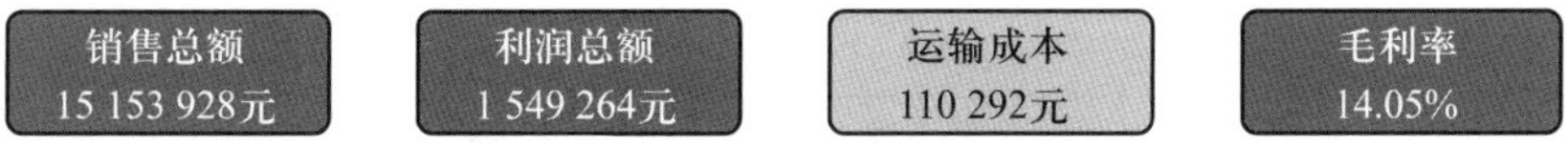

销售总额 15 153 928元	利润总额 1 549 264元	运输成本 110 292元	毛利率 14.05%

图 5–21　平台产品销售额统计图

图 5–21 实现的核心代码如下：

```
<template>
<div>
<el-row>
<el-col :span="6">
<el-tag class="buttonclass"  key="item.label"  type="warning"  effect="dark">
        销售总额 <br> {{ data.saleTotal }} 元 </el-tag>
</el-col>
<el-col :span="6">
<el-tag class="buttonclass"  key="item.label"  type="success"  effect="dark">
        利润总额 <br> {{ data.profit }} 元  </el-tag>
</el-col>
<el-col :span="6">
<el-tag class="buttonclass"  key="item.label"  type="danger"   effect="dark">
        运输成本 <br>{{ data.transportationcost }} 元 </el-tag>
</el-col>
<el-col :span="6">
<el-tag class="buttonclass"  key="item.label"  type="item.type"  effect="dark">
        毛利率 <br>{{ data.orderTotal }} % </el-tag>
```

```
</el-col>
</el-row>
</div>
</template>
```

根据需求 4，将数据源中每月销售额的统计结果绘制成折线图，图 5–22 中横轴值取的是 2009—2012 年的月份值，纵轴值取的是销售额，实现效果如图 5–22 所示（只截取了部分月份效果）。2009—2012 年该平台每月销售额都在 20 万 ~ 40 万元波动。其中，2009 年有 9 个月的月销售额≥ 30 万元，2010 年有 4 个月的月销售额≥ 30 万元，2011 年有 3 个月的月销售额≥ 30 万元，2012 年有 8 个月的月销售额≥ 30 万元，说明该平台从 2010 年开始平台销售额下滑，而 2012 年销售业绩有所上升，但是仍然没有达到 2009 年的销售水平。对比 2009—2012 年销售额发现，几乎每年 11 月开始平台销售额开始出现涨幅，而到次年 1 月销售额会出现回落。因此，每年春节前，平台应该多储备一些产品。同时，平台应增加员工值守，以保障产品能在第一时间发出。

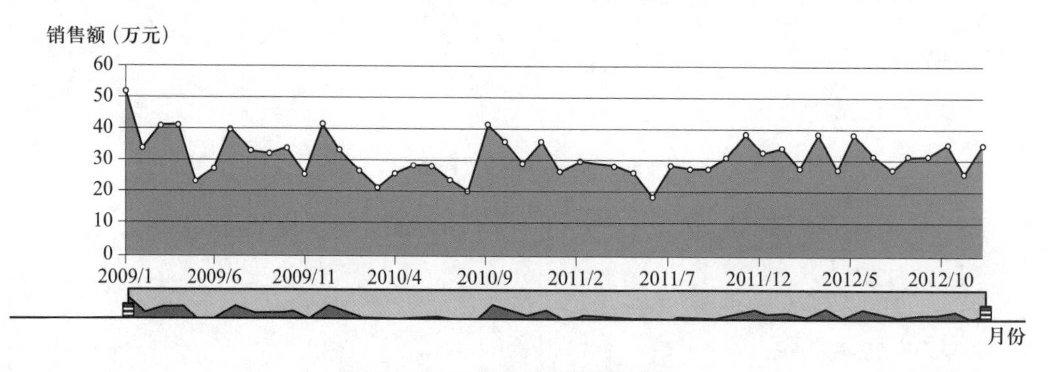

图 5–22　产品月度销售额趋势图

图 5–22 实现的核心代码如下：

```
//初始化 echarts 对象
let myChart = echarts.init(this.$refs.myEchart);
let _this = this
//获取数据源
```

```
let appData = require('./salejson.json')
……
// 计算每月销售金额
appData.forEach(model => {
 let dataArea = model.orderdata.split('/')
 let index = _this.data.indexOf(dataArea[0] + "/" + dataArea[1])
 dataValue[index] = dataValue[index] + parseFloat(model.OrderAmount)
 })
let  option = {
 ......
// 设置折线图的滑动
dataZoom: [
{
type: 'inside',
 start: 0,
end: 20
},{
start: 0,
end: 20
}
],
series: [{
data: dataValue,
type: 'line',
......
  }
]
 };
```

需求 5 中描述的平台客户群体与地区的关系如图 5–23 所示，其中，折线图的横轴取数据源中的区域字段，纵轴取人员个数值。从图 5–23 中可以得出，平台主要群体集中在华南地区，华东、华北及东北次之，西南和西北最少。因此，在后续业务发展中，应该把西南及西北的用户吸引到平台，应该加大平台在西南及西北的宣传力度，或者给西南及西北的用户投放更多优惠券来吸引客户。

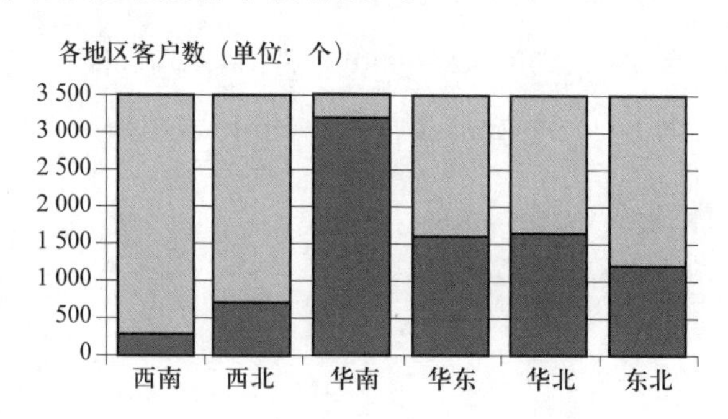

图 5–23　平台客户数与地区的关系图

图 5–23 实现的核心代码如下：

```
// 初始化 echarts 对象
let myChart = echarts.init(this.$refs.myEchart);
let _this = this
// 获取数据源
let appData = require('./salejson.json')
……
// 计算销售金
appData.forEach(model=>{
let index= _this.data.indexOf(model.region.trim())
dataValue[index]= dataValue[index]+ 1
})
let   option = {
……
series: [{
// 设置图类型 , 绑定数据
```

```
    data: dataValue,
    type: 'bar',
    ……
          }]    };
```

按照需求 6，根据 2009—2012 年在某平台上购买次数统计得出的结果如图 5-24 所示。从图 5-24 中可以看出，2009—2012 年 Adam Hart 平均每月至少在平台上购买一件产品，而其他客户平均每 1.1 ~ 1.6 个月会在平台购买一次产品。

客户购买频次top10

姓名	省份	购买次数
Adam Hart	广东省	62
Darren Budd	天津市	42
Ed Braxton	河南省	38
Brad Thomas	广西省	35
Aleksandra Gannaway	山东省	35
Carlos Soltero	山西省	33
Patrick Jones	广西省	30

图 5-24　客户购买次数 TopN 图

图 5-24 实现的核心代码如下：

```
    <!-- 客户购买频次 -->
    <template>
    <el-table :data="tableData" stripe   style="width: 450px">
    <el-table-column  prop="name"  label=" 姓名 " width="150"> </el-table-column>
    <el-table-column  prop="DestinationProvince"  label=" 省份 "  width="80"> </el-table-
column>
    <el-table-column   prop="number"   label=" 购买次数 ">   </el-table-column>
    </el-table>
    </template>
```

（2）可视化大屏

在本案例中，可视化大屏的布局如图 5–25 所示。图 5–25 从界面布局来看，顶部放置了一个 Head 组件，中间所有内容设置了一个 Main 组件填充。此外，又把 Main 组件按照一行三列的方式进行划分，并在第一和第二列中放入 3 个卡片布局，第三列中放入 2 个卡片布局。

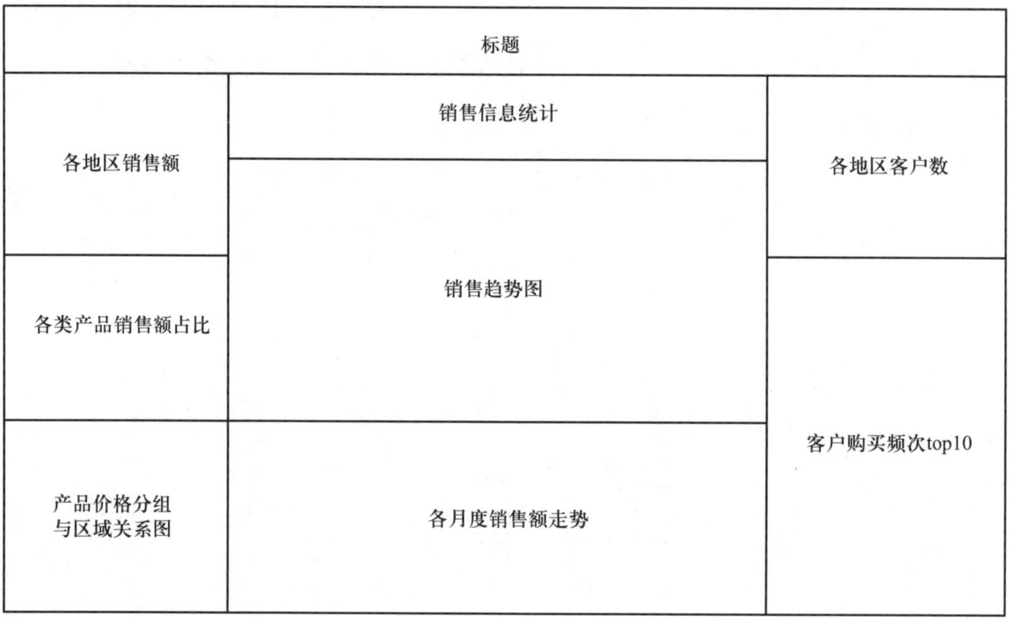

<table>
<tr><td colspan="3">标题</td></tr>
<tr><td rowspan="2">各地区销售额</td><td>销售信息统计</td><td rowspan="2">各地区客户数</td></tr>
<tr><td rowspan="2">销售趋势图</td></tr>
<tr><td>各类产品销售额占比</td><td rowspan="2">客户购买频次top10</td></tr>
<tr><td>产品价格分组
与区域关系图</td><td>各月度销售额走势</td></tr>
</table>

图 5–25　可视化大屏的布局

详细的界面代码如下：

```
<template>
<div>
<!-- 放入一个容器 -->
<el-container>
<!-- 容器里面放入一个 head, 用于展示可视化的标题 -->
<el-header style="height: 65px">
<el-card class="box-card" style="height: 80px">
```

```
<h2 style="text-align: center;margin-top: 5px;"> 某平台 2009—2012 年销售订单可
视化分析 </h2>
</el-card>
</el-header>
<!-- 容器里面放入一个 Main-->
<el-main>
<!-- 将 Main 实现 1 行 3 列的方式来进行分割 -->
<el-row>
<el-col :span="6">
<el-card class="box-card">
<span> 各地区销售额 ( 单位 : 万 )</span>
<sales-by-region style="margin-top: -50px;margin-right: -10px"></sales-by-region>
</el-card>
<el-card class="box-card">
<span> 各类产品销售额占比 </span>
<proportion-of-sales ref="snakeyref" style="margin-top: -40px"></proportion-of-sales>
</el-card>
<el-card class="box-card">
<span> 产品价格分组与区域关系图 </span>
<CommodityPriceGrouping style="margin-top: -50px"></CommodityPriceGrouping>
</el-card>
</el-col>
<el-col :span="12" style="border: #2c3e50">
<!-- 销售额统计 -->
<el-card class="box-card" style="height: 80px">
<SaleStatic style="width: 100%;height: 100%"></SaleStatic>
```

```
</el-card>
<!-- 百度地图趋势图 -->
<el-card class="box-card" style="height: 370px">
<BaiMap style="width: 100%;height: 100%"></BaiMap>
</el-card>
<el-card class="box-card">
<span> 各月度销售额走势 </span>
<MonthlySales style="margin-top: -50px;margin-right: 10px"></MonthlySales>
</el-card>
</el-col>
<el-col :span="6" style="border: #2c3e50">
<el-card class="box-card">
<span> 各地区客户数 ( 单位 : 个 )</span>
<NumberRegionalCustomers style="margin-top: -50px;margin-right: -10px"></
NumberRegionalCustomers>
</el-card>
<el-card class="box-card" style="height: 457px">
<span> 客户购买频次 top10</span>
<CustomTop10></CustomTop10>
</el-card>
</el-col>
</el-row>
</el-main>
</el-container>
</div>
</template>
```

思考题

1. 数据预处理可以从主体和方法上分成哪些类别?

2. 为什么总存在需要进行清洗的脏数据?

3. 数据整合及分区是否更适合规模不断增长的数据?

4. 进行数据预处理项目时，为什么需要反复进行尝试和调整?

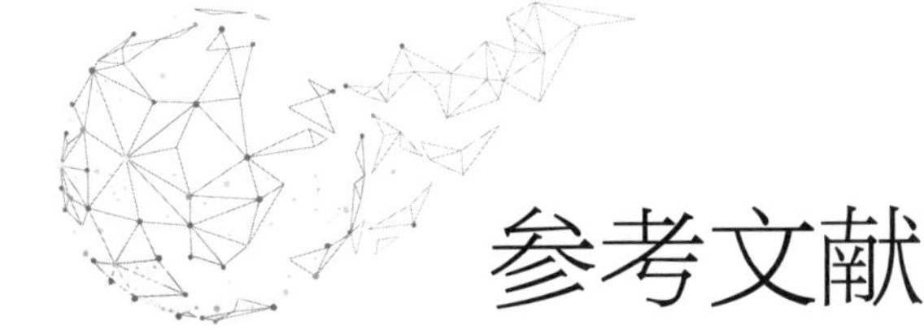

参考文献

[1] 罗宾斯，库尔特 . 管理学 [M]. 刘刚，程熙镕，梁晗，译 . 北京：中国人民大学出版社，2017.

[2] 宋立桓，陈建平 . Cloudera Hadoop 大数据平台实战指南 [M]. 北京：清华大学出版社，2019.

[3] 格洛沃，马拉斯卡，西德曼 . Hadoop 应用架构 [M]. 郭文超，译 . 北京：人民邮电出版社，2017.

[4] 麦金尼 . 利用 Python 进行数据分析 [M]. 徐敬一，译 . 北京：机械工业出版社，2018.

[5] 阿斯顿 · 张，李沐，等 . 动手学深度学习（PyTorch 版）[M]. 何孝霆，瑞潮儿 · 胡，译 . 北京：人民邮电出版社，2023.

[6] 林子雨 . 数据采集与预处理 [M]. 北京：人民邮电出版社，2022.

[7] 周志华 . 机器学习 [M]. 北京：清华大学出版社，2016.

[8] 古尔德，丽贝卡 · 王，科琳 . 统计学基础：透过数据看世界 [M]. 北京：机械工业出版社，2023.

[9] 张杰 . Python 数据可视化之美 [M]. 北京：电子工业出版社，2020.

[10] 王佳东 . 商业智能工具应用与数据可视化 [M]. 北京：电子工业出版社，2020.

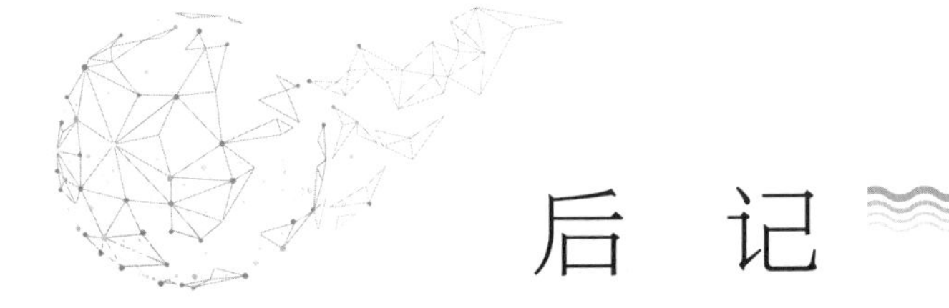

后 记

数据时代的到来给大数据技术带来了越来越多的关注。“大数据”三个字不仅代表字面意义上的大量非结构化和半结构化的数据，更是一种崭新的视角，即用数据化思维和先进的数据处理技术探索海量数据之间的关系，将事物的本质以数据的视角呈现在人们眼前。

随着数字经济在全球加速推进以及5G、人工智能、物联网等相关技术的快速发展，数据已成为影响全球竞争的关键战略性资源。我国对大数据产业的发展尤为重视，2013年至今，国家相关部委发布20多份与大数据相关的文件，鼓励大数据产业发展。大数据逐渐成为各级政府关注的热点。

大数据产业之所以被各地政府所重视，是因为它是以数据及数据所蕴含的信息价值为核心生产要素，通过数据技术、数据产品、数据服务等形式，使数据与信息价值在各行业经济活动中得到充分释放的赋能型产业，其适合与各种行业融合，作为各种基础产业的助推器。大数据已不再仅仅是一种理论或视角，而是深入每一个需要数据、利用数据的场景中去发挥价值、挖掘价值的实用工具。

我国大数据产业正处于蓬勃发展的阶段，需要大量的专业人才为产业提供支撑。以《人力资源社会保障部办公厅　市场监管总局办公厅　统计局办公室关于发布人工智能工程技术人员等职业信息的通知》（人社厅发〔2019〕48号）为依据，在充分考虑科技进步、社会经济发展和产业结构变化对大数据工程技术人员专业要求的基础上，以客观反映大数据技术发展水平及其对从业人员的专业能力要求为目标，根据《大数据工程技术人员国家职业技术技能标准（2021年版）》（以下简称《标准》）对大数据工程技术人员的专业活动内容进行规范细致描述，明确各等级专业技术人员的工作领域、工作内容以及知识水平、专业能力和实践要求，人力资源社会保障部专业技术人员管理司指导工业和信息化部教育与考试中心，组织有关专家开展了大数据工程技术人员培训教程的编写工作。

本系列教程是开展大数据工程技术人员职业技术技能培训的参考用书，读者也可基于教程自学并强化《标准》中要求大数据工程技术人员掌握的知识与技能。根据《标准》定义，大数据工程技术人员面向三个岗位群方向：从事数据采集清洗、ETL等工作的大数据处理岗位群，从事数据分析挖掘以及数据展示的大数据分析岗位群，还有从事数据运维、安全管理方面的大数据管理岗位群。区分不同方向，一方面有利于对岗位群所需的知识技能素质建立模型，从而开展科学的、具有针对性的人才培养。另一方面有利于不同地区各层级高校作为人才培养的实施方，根据当地产业情况的方向有针对性地开展培养工作。

为了使广大专业技术人员和相关技术领域的企事业单位管理人员能够更好地了解大数据工程技术人员需掌握的基本知识与关键技能，将其理解并运用到各个领域的大数据工程与项目中，帮助有梦想、有热情、有能力的专业技术人员或相关专业的高校毕业生对大数据工程技术这一领域有充分认知，能选择并投身大数据工程技术领域从事专业技术工作，我们在深入研究大数据工程技术领域涉及的理论、技术、工具的基础上，按照《标准》要求，对本系列教程进行了规划。

本系列教程设有三个等级，分别为初级、中级、高级，对应《标准》中的专业技术等级，其内容所涵盖的知识与能力要求依次递进。

大数据工程技术人员中级培训教程包含《大数据工程技术人员（中级）——大数据处理》《大数据工程技术人员（中级）——大数据分析》《大数据工程技术人员（中级）——大数据管理》，共3本。本教程内容涵盖了本职业方向中应具备的专业能力和相关知识要求。

本教程读者为大学专科学历（或高等职业学校毕业）以上，具有较强的学习能力、计算能力、表达能力及分析、推理和判断能力，参加全国专业技术人员新职业培训的人员。

大数据工程技术人员需按照《标准》的职业要求参加有关课程培训，完成规定学时，取得学时证明。初级 128 标准学时，中级 128 标准学时，高级 160 标准学时。

本教程编写过程中，得到了人力资源社会保障部、工业和信息化部相关部门的正确领导，得到了朱爱军、林祥利、陈胜、吴玉虎、吴炎泉、陈思恩等一些高校、科研院所、企业的专家学者的大力帮助和指导，同时参考了多方面的文献，吸收了许多专家学者的研究成果，在此表示由衷感谢。

由于编者水平、经验与时间所限，本书的不足与疏漏之处在所难免，恳请广大读者批评与指正。

本书编委会